高分辨率卫星影像几何处理方法

柴登峰　张登荣　编著

浙江大学出版社

前　言

自 20 世纪 60 年代初至今,对地观测卫星经历了四个发展阶段。在目前阶段,具有高空间分辨率、高光谱分辨率和高时间分辨率的高分辨率卫星发展迅猛。1999 年 9 月 24 日,美国空间成像公司将 IKONO 卫星成功送入预定轨道,标志着高分辨率卫星遥感时代的开始。高分辨率卫星遥感在军用和民用方面都具有广阔应用前景,得到许多国家的高度重视,我国已经把高分辨率对地观测系统列入 2006—2020 年国家中长期科学和技术发展的 16 个重大科技攻关专项,启动并实施高分辨率对地观测系统工程。

高分辨率卫星搭载新型传感器获取地面影像,影像具有很高的空间分辨率,采用立体成像方式所获取的立体影像是地表三维信息获取的重要数据源。新型传感器与传统传感器的成像机理有所不同,所获取的高分辨影像包含了更丰富的几何信息,因此高分辨卫星影像几何处理的重要性已经突现出来。国内外学者针对高分辨率卫星遥感影像几何处理的理论和方法开展了大量研究工作。

高分辨率卫星遥感具有广阔的应用领域,这些应用领域的学生和科技人员需要掌握影像几何处理的理论和方法。实际上,遥感影像几何关系理论和处理方法是摄影测量的研究课题,这一学科的理论和实践知识相当丰富,摄影测量专业的学生要学习好几本教材才能掌握这套理论和方法。这也是非摄影测量(特别是非测绘)专业的学生学习这套理论和方法的很大障碍。

本书针对这一现状,介绍高分辨率卫星影像几何处理的理论和方法,力求达到如下特点:

(1)既保证理论知识完备,又保持内容简明扼要,以有利于非测绘专业读者学习。

(2)既阐述经典理论,又介绍最新研究成果,以有利于相关领域研究人员了解研究进展。

本书的出版得到国家科技支撑计划(项目编号:2006BAK30B01)资助。

由于作者水平有限,书中难免存在差错和疏漏之处,敬请读者不吝指正。

作　者

2007 年夏

目　录

第1章 绪 论

1.1 对地观测卫星发展概况

1957 年 10 月 4 日,前苏联发射了第一颗人造地球卫星,标志着人类进入太空时代。20 世纪 60 年代初,人类获取了第一批从宇宙空间拍摄的地球卫星影像,实现了对地观测任务。在随后 40 余年中,对地观测卫星(Earth Observation Satellites—EOS)迅猛发展,为遥感技术的发展和应用奠定了坚实的基础。

1.1.1 对地观测卫星的历史与现状

对地观测卫星的发展历程已经有 40 多年,在不同时期表现出不同的特点,实际上可以划分为若干阶段。Guoqing Zhou 等将其划分为四个阶段[38][39]:

1. 第一代 EOS

1960 年代初到 1972 年为对地观测卫星发展的第一阶段。在这一阶段,卫星大多为"冷战"产物,主要是用于军事侦察和制图的军事卫星,譬如,CORONA、ARGON 和 LANYARD 等军事侦察卫星。第一代对地观测卫星的主要特点是其成像系统都按照典型的摄影测量相机设计,譬如,ARGON 9034A 卫星仅载有一个全色的框幅式相机(KH-5),地面分辨率达到 140m。

2. 第二代 EOS

1972 年到 1986 年为对地观测卫星发展的第二阶段。在这一阶段,卫星技术已经走向民用,譬如,最具代表性的 Landsat-1 卫星能持续提供一定分辨率的卫星影像,从而为地球资源调查提供影像数据。Landsat-1 搭载的多光谱扫描仪(MSS)能提供 $0.5 \sim 1.1 \mu m$ 四个波段的影像数据,地面分辨率达到 80m。

3. 第三代 EOS

1986 年到 1997 年为对地观测卫星发展的第三阶段。在这一阶段,对地观测卫星在技术和应用上经历了一场深刻变革,线阵 CCD 传感器、合成孔径雷达(SAR)等新型传感器得到广泛使用,大大提高了对地观测卫星的遥感探测能力。譬如,法国 SPOT 搭载线阵 CCD 传感器,地面分辨率达到 10m。ERS-1 卫星搭载合成孔径雷达（SAR）传感器，实现微波遥感，地面分辨率达到 30m。

4. 第四代 EOS

1997 年到 2010 年为对地观测卫星发展的第四阶段。在这一阶段，新一代高分辨率卫星发展迅猛。第四代对地观测卫星的主要特点表现在其高空间分辨率、高光谱分辨率、轨道高度、回访能力、条带宽度、立体成像能力和多种成像模式等方面。譬如，IKONOS 卫星的平均地面分辨率达到 1m 左右。

由此可见，目前正处于对地观测卫星发展的第四阶段，高分辨率遥感卫星代表了目前对地观测卫星的技术水平和发展趋势。

1.1.2 高分辨率遥感卫星的特点

1994 年，美国克林顿政府取消了对 10～1 米级分辨率卫星遥感影像数据的商业销售禁令，为高分辨率商业遥感卫星的运营铺平了道路。1999 年 9 月 24 日，美国空间成像公司（Space Imaging）将 IKONO 卫星成功送入预定轨道，标志着高分辨率卫星遥感时代的开始。同一时期，美国数字地球公司（DigitalGlobe）发射了 EarlyBird（晨鸟）和 QuickBird（快鸟）卫星，法国发射了 SPOT-5 卫星，以色列等国家也发射了高分辨率卫星。

这些高分辨率卫星搭载线阵列 CCD 传感器，采用推扫方式获取地面的高分辨率全色和多光谱影像，遥感影像的空间分辨率、时间分辨率和光谱分辨率都得到很大提高，空间分辨率已经达到 1m 以内，能够满足 1：10000 比例尺地形图测绘的需求。传感器机械系统具有快速、灵活的指向能力，能在穿轨方向上以一定的角度左右侧视，获取相邻轨道的星下点影像，形成异轨立体像对，还能在沿轨方向上前视和后视成像，获取无明显时间差的立体覆盖，形成同轨立体像对，确保其能够获取地面的高分辨率立体影像数据，是地表三维信息的重要来源。高分辨率卫星搭载 GPS 接收机，能够提供高精度卫星星历和姿态数据，进而提高影像的定位精度，减少对地面控制点的需求。一些卫星还搭载合成孔径雷达（SAR）等传感器，地面分辨率也达到 3m，能够满足测图需要，高分辨率卫星给地理信息等行业提供了高效的数据获取手段。

但是，高分辨率卫星普遍采用新型传感器，其成像机理不同于传统传感器，因此，必须针对新型传感器的成像原理及其几何处理方法开展研究，特别需要研究传感器的成像模型、遥感影像的核线几何、立体匹配等问题和方法。只有这样才能真正挖掘高分辨率卫星遥感的潜能和优势。

1.2 相关学科简介

摄影测量、计算机视觉等学科已经针对单张或多张像片的几何关系和处理方法等问题开展广泛、深入的研究,并发展了成熟的理论和方法,有些可以直接应用于高分辨率卫星影像的处理,有些则对其具有借鉴意义[1][3][4][5]。

1.2.1 摄影测量

传统摄影测量学是利用摄影机摄影所得的像片,研究和确定被摄物体的形状、大小、位置、性质和相互关系的一门科学和技术。通常在不同位置拍摄同一物体获取影像,然后通过影像处理和分析确定物体的几何特性。摄影测量是一门古老的学科,已有 150 多年的历史。1851—1859 年,法国陆军上校劳塞达特提出和进行交会摄影测量,标志着摄影测量学的诞生。1903 年,莱特兄弟发明了飞机,使航空摄影成为可能。随着航空摄影机在第一次世界大战中问世,航空摄影测量开始迅速发展,经历了模拟摄影测量、解析摄影测量和数字摄影测量三个发展阶段。

1. 模拟摄影测量

模拟摄影测量采用光学或机械方法模拟摄影过程,使用模拟测图仪实现摄影过程的几何反转,即使两个投影器恢复摄影时的位置、姿态和相互关系,形成一个比实地缩小了的几何模型,然后在此模型上进行量测,将所得结果输出到绘图桌上,绘制地形图和各种专题图。

2. 解析摄影测量

解析摄影测量利用电子计算机完成摄影测量中复杂的几何解算和大量的数值计算,控制解析测图仪完成几何反转、立体量测等任务,并将结果传送到数控绘图机上绘制地图。在对单张和多张像片几何关系深入研究基础上,人们提出了航带法、独立模型法和光束法等平差方法,发展了解析空中三角测量方法,能够精确测定地面点的空间位置。

3. 数字摄影测量

数字摄影测量利用计算机完成摄影测量与遥感影像的数字化、影像存储和管理,影像处理和分析,生产数字地图、数字高程模型等数字产品。在这一阶段,人们针对立体影像匹配开展了广泛、深入的研究,设计了许多立体匹配算法,实现立体影像的自动匹配。针对影像特征提取开展研究,取得丰硕成果,能够自动或半自动提取道路、桥梁以及房屋等建筑物。

1.2.2　计算机视觉

计算机视觉是研究如何为计算机和机器人开发与人类水平相当的视觉能力的一门学科。计算机视觉系统可以应用于制造、医疗和军事等等领域,能够替代或部分替代人脑活动。作为一门学科,计算机视觉开始于 20 世纪 60 年代,已有 50 年左右历史,它吸引了计算机科学、物理学、数学、生理学和心理学等众多领域学者的研究兴趣,发展了视觉计算理论等理论和方法。

三维感知是人类视觉的重要组成部分,也是计算机视觉的重要研究课题。一般计算机视觉系统采用两个或多个摄像机获取场景的立体影像,通过立体视觉方法获取场景的三维信息。20 世纪 70 年代,马尔等系统概括了心理物理学、神经生理学及临床神经病理学等方面取得的重要成果,提出立体视觉的计算理论,为立体视觉研究和算法设计奠定了理论基础[22]。20 世纪 80 年代初,Barnard 等归纳和剖析已有立体视觉方法,将立体视觉方法划分为图像获取、相机建模、特征提取、图像匹配、深度确定和内插等六个步骤[8]。这一剖析对后续研究产生很大影响。相机建模和深度确定涉及单幅和多幅视图的几何关系,这个问题引起了人们很大研究兴趣,在 20 世纪八九十年代,人们以射影几何和向量代数为工具对视图几何关系问题开展了深入研究,在相机模型、两幅视图之间的极线几何(即摄影测量领域中的核线几何),三幅及更多幅视图之间的几何关系、三维重建的层次方法以及相机的自定标方法等方面取得了系统性研究成果,对立体视觉研究产生深远影响[17]。同时,人们还针对特征提取和图像匹配开展研究,譬如,人们将图像视差场描述为马尔科夫随机场,将密集匹配归结为马尔科夫随机场最大后验估计问题,为立体匹配问题的描述提供了有效理论框架,在此基础上采用图割算法和置信传播算法求解,取得很好的实验效果,为问题求解找到了有效的工具。

摄影测量和计算机视觉两个学科都是针对单张和多张像片几何关系、三维重建以及立体匹配等立体视觉问题和方法开展了系统研究,两个学科所采用的描述和分析工具略有差异,研究问题的侧重点也不尽相同,但是,它们都对高分辨率卫星遥感影像的几何处理提供了重要的理论和方法基础。

1.3　立体视觉的理论和方法

Barnard 等剖析立体视觉方法,将其划分为图像获取(image acquisition)、相机建模(camera modeling)、特征提取(feature acquisition)、图像匹配(image matching)、深度确定(depth determination)和内插(interpolation)等六个步

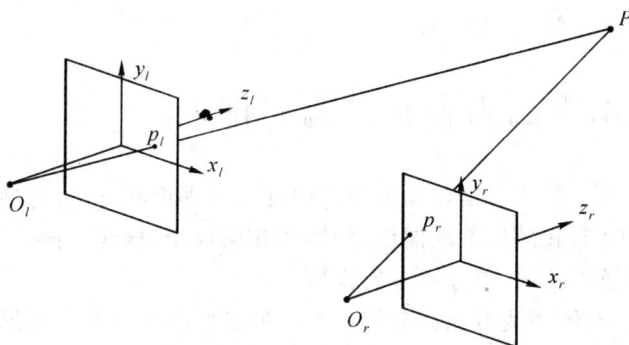

图 1-1　立体视觉示意图

骤[8]，为基于图像的三维重建构建了一个基本框架和流程。

如图 1-1 所示，图像获取步骤在左右视点 O_l 和 O_r 处获取了场景的两幅图像。相机建模步骤建立相机几何模型，相机模型的形式通常已经确定，具体模型参数需要标定，因此，相机建模就是确定相机的定标参数，又称相机定标。以左像为例，相机建模实际上确定由视点 O_l 发射到像素 p_l 的射线 $\overrightarrow{O_l p_l}$ 的空间方位。特征提取步骤从图像中检测出显著特征，显著特征包含丰富纹理信息，为特征点的可靠匹配奠定基础，譬如在左右图像中分别检测出 p_l 和 p_r。图像匹配步骤建立左图像中特征点和右图像中特征点之间的对应关系，譬如建立左像中的 p_l 和右像中的 p_r 之间的对应关系，它们分别是同一场景点 P 在左右图像中的投影点。深度确定步骤根据建立起来的对应特征点 p_l 和 p_r 以及相机模型确定射线 $\overrightarrow{O_l p_l}$ 和 $\overrightarrow{O_r p_r}$ 的空间方位，交会确定场景点 P 的空间位置。上述步骤重建了稀疏分布的三维场景点，在此基础上，内插步骤根据稀疏场景点内插生成密集分布的场景点，或者确定一些先验几何模型的待定参数，重建几何模型。

三维重建的层次方法则将其分为射影重建、仿射重建及度量重建等不同层次，首先进行射影重建，所恢复场景与真实场景之间存在一个射影变换，然后进行仿射重建，所恢复场景与真实场景之间存在一个仿射变换，最后进行度量重建，所恢复场景与真实场景达到一致。

在摄影测量领域通常将三维重建分为相对定向和绝对定向两个阶段，相对定向恢复立体像对的相对几何关系并重建自由立体模型，绝对定向恢复立体模型的绝对位置和大小。

总体上，分辨率卫星遥感影像的几何处理也采用上述框架，但是，由于影像获取的传感器不同于传统的针孔相机，成像方式不同于中心投影方式，其处理方法也必然有所不同，本书将围绕这一问题展开讨论，介绍新型传感器的成像原理及其影像的处理方法。

1.4　本书的内容和结构安排

本书介绍高分辨率卫星遥感影像几何处理的理论和方法,包括摄影测量基础知识、线阵 CCD 传感器的成像模型、影像几何校正、核线几何、三维重建以及立体匹配等方面的内容,具体章节安排如下:

第 1 章为绪论,首先介绍高分辨率卫星的发展概况及其在三维空间信息获取中的应用前景,其次介绍摄影测量和计算机视觉等相关学科的研究内容和历史,然后介绍立体视觉的理论和方法,最后给出本书的内容和结构安排。

第 2 章介绍摄影测量基础知识,首先介绍摄影测量中常用的坐标系统及转换方法、摄影测量中常用的投影方法,然后介绍单像分解析、双像解析以及解析法空间三角测量等概念和方法。

第 3 章介绍物理传感器模型,首先介绍 CCD 传感器,然后分别介绍线性模型、基于共线方程的传感器模型以及基于仿射变换的传感器模型。

第 4 章介绍通用传感器模型,首先介绍基于多项式的传感器模型,然后介绍基于直接线性变换的传感器模型,最后介绍基于有理函数的传感器模型。

第 5 章介绍影像几何校正,首先介绍影像几何变形的来源,然后介绍几何校正的原理和方法。

第 6 章介绍核线几何,首先介绍框幅式中心投影影像的核线几何,然后介绍线阵 CCD 推扫式影像的核线几何。在介绍核线几何时,分别给出几何和代数模型。

第 7 章介绍三维重建的理论和方法,首先概述三维重建方法,然后分别介绍基于线性模型的三维重建方法、基于仿射变换模型的三维重建方法和基于有理函数模型的三维重建方法。

第 8 章介绍立体匹配方法,首先概述立体匹配方法,然后分别介绍密集匹配和特征匹配方法。

第 9 章介绍线阵 CCD 推扫式影像的立体匹配方法,首先介绍线阵 CCD 推扫式影像的特点,然后分别介绍核线关系的利用和辐射差异的处理等问题和方法。

第 2 章　摄影测量基础

　　摄影测量领域采用解析方法描述二维影像点和三维场景点的位置及相互关系,建立了单张像片和多张像片几何处理的理论与方法。解析摄影测量的理论与方法已经成熟,并已成功地应用于生产实践。高分辨率卫星影像几何处理和航空影像几何处理具有相似之处,可以借鉴、解析摄影测量的理论和方法。本章介绍解析摄影测量的基础知识,包括坐标系统及转换方法、投影方法、单像解析、双像解析以及解析法空中三角测量等内容。

2.1　空间坐标系统

　　为描述像点和物点的空间位置及其关系,首先必须建立空间坐标系统。总体上,空间坐标系统分为两大类:一类用于描述像点的位置,称为像方空间坐标系;另一类用于描述物点的位置,称为物方空间坐标系。

2.1.1　像方空间坐标系统

　　像方空间坐标系统可以分为像平面坐标系统、像空间坐标系统和像空间辅助坐标系统。

1. 像平面坐标系统

　　像平面坐标系统用于描述像点在像片平面上的位置,对于摄影像片,坐标原点和坐标轴通常由框标所确定。如图 2-1 所示,连接对边框标,以两条连线作为 x 轴和 y 轴、以连线交点作为坐标原点,就建立了像平面坐标系统。

2. 像空间坐标系统

　　像空间坐标系统用于描述像点的空间位置,坐标原点和坐标轴通常由摄影中心和摄影方向所确定。如图 2-2 所示,以摄影中心 S 为坐标原点,选择 x 轴和 y 轴分别并行于像平面坐标系的 x 轴和 y 轴,选择 z 轴与主光轴(即摄影方向)重合,并与 x 轴和 y 轴构成右手坐标系,就建立了像空间坐标系统。

　　利用像空间坐标系统可以描述像点在三维空间中的位置,可以变换到物方空间坐标系统中与物点建立对应关系。但是,由于不同位置拍摄所得像片的姿态不同,每张像片的像空间坐标系统相互不平行,不同坐标系统的坐标需要换算,相对比较麻烦。为此,通常建立像空间辅助坐标系统作为过渡坐标系统。

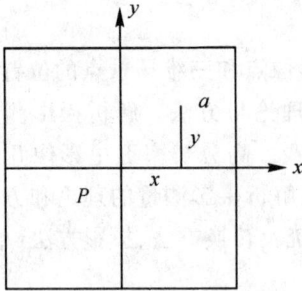

图 2-1　像平面坐标系　　　　　　图 2-2　像空间坐标系

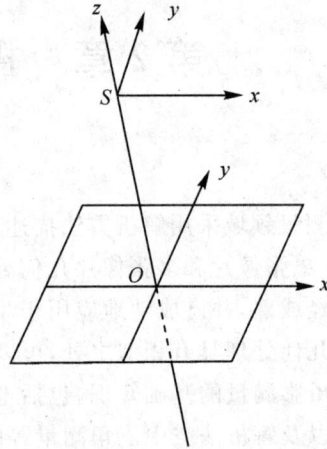

3. 像空间辅助坐标系统

像空间辅助坐标系统用于描述像点空间位置,是像空间坐标系统和物方空间坐标系统以及不同像片像空间坐标系统之间的过渡坐标系,坐标原点仍然选在摄影中心 S,坐标轴系的选择通常有三种方法。第一种方法取铅垂方向为 Z 轴,航向为 X 轴,构成右手直角坐标系,如图 2-3(a)所示。第二种方法取每条航线内第一张像片的像空间坐标系作为像空间辅助坐标系,如图 2-3(b)所示。第三种方法取每个像片对的左片摄影中心为坐标原点,摄影基线方向为 X 轴,以摄影基线及左片主光轴构成的面作为 XZ 平面,构成右手直角坐标系,如图 2-3(c)所示。

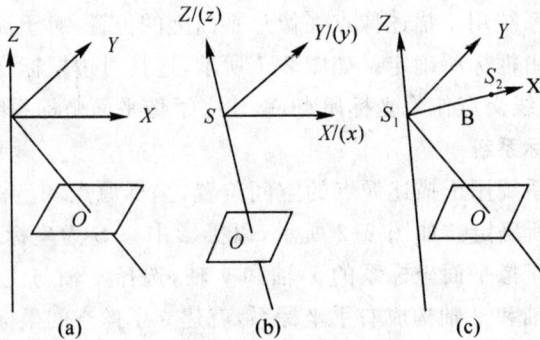

(a)　　　　　　(b)　　　　　　(c)

图 2-3　像空间辅助坐标系

2.1.2 物方空间坐标系统

物方空间坐标系统用于描述物点的空间位置,包括摄影测量坐标系、地面测量坐标系和地面摄影测量坐标系三种坐标系。

1. 摄影测量坐标系

如图 2-4 所示,将像空间辅助坐标系 $S\text{-}XYZ$ 沿着 Z 轴反方向平移至地面点 P,得到的坐标系 $P\text{-}X_PY_PZ_P$ 称为摄影测量坐标系。

2. 地面测量坐标系

地面测量坐标系是指地图投影坐标系,是测图所用的高斯—克吕格投影的平面直角坐标系和高程系,用 $T\text{-}X_tY_tZ_t$ 表示,如图 2-4 所示,地面测量坐标系为左手系。

3. 地面摄影测量坐标系

地面摄影测量坐标系是上述两种坐标系之间的一种过渡坐标系,用 $D\text{-}X_{tP}Y_{tP}Z_{tP}$ 表示,如图 2-4 所示,地面摄影测量坐标系是右手直角坐标系,其坐标原点在测区内某一地面点上,X_{tP} 轴为水平方向且与 X_P 轴方向大致相同,Z_{tP} 轴为铅垂方向。

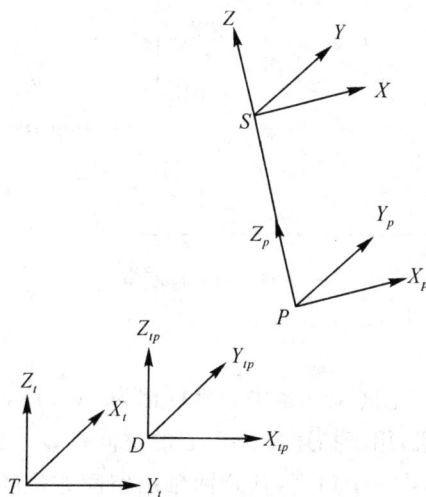

图 2-4 物方空间坐标系

2.2 内外方位元素

空间坐标系统为描述像点和物点的空间位置提供了参照系,也为描述像点和物点的关系奠定了基础。为描述像点与物点的数学关系,首先必须引入空间方位元素的概念,以描述不同坐标系间的相对关系。

空间方位元素用于描述摄影中心与像片的位置和姿态,其中,内方位元素用于描述摄影中心和像片之间相对位置关系,外方位元素用于描述摄影中心与像片在物方空间坐标系统中的位置和姿态。

1. 内方位元素

如图 2-5 所示,摄影中心 S 沿主光轴方向在像平面上的投影点称为像主点,像主点在像平面坐标系中的坐标记为 (x_0, y_0),摄影中心 S 沿主光轴方向到像片的距离称为主距,记为 f,上述三个参数构成了内方位元素,内方位元素取决于相机内部结构。

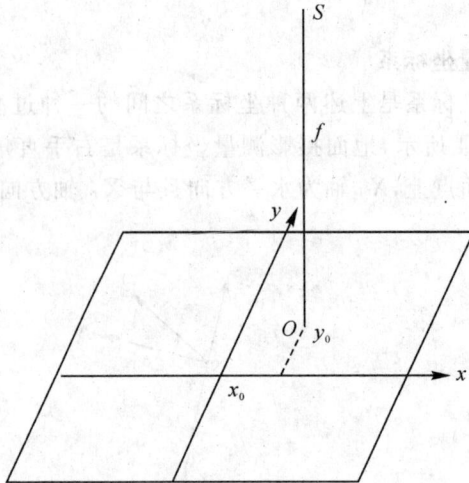

图 2-5　内方位元素

2. 外方位元素

摄影中心 S 在物方空间坐标系中的坐标记为 (X_S, Y_S, Z_S),它们构成了外方位元素的三个直线元素,用于描述摄影中心的空间位置。给定像空间辅助坐标系,先绕其第一轴旋转一个角度,其余两轴的空间方位随同变化,再绕变动后的第二轴旋转一个角度,则可以恢复摄影机主光轴的空间方位,最后绕经两次变动后的第三轴旋转一个角度,即像片在其自身平面内绕像主点旋转一个角度,就可使变动后的坐标系与像空间坐标系重合。这三个角度构成了外方位元素的三个角元素,用于描述像片的空间姿态。角元素有多种表达形式,如图 2-6 所示是比较常用的 φ-ω-κ 系统,像空间辅助坐标系 S-XYZ 绕第一轴(Y 轴)旋转 φ 角,然后绕旋转后的第二轴(X 轴)旋转 ω 角,最后绕旋转后的第三轴(Z 轴)旋转 κ

10

角,最终与像空间坐标系重合。三个直线元素和三个角元素组成外方位元素,外方位元素取决于相机位置和姿态。

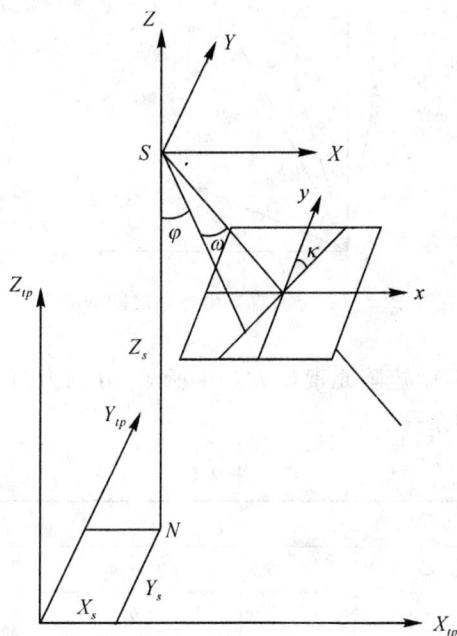

图 2-6 外方位元素

2.3 空间直角坐标变换

空间坐标系统为像点和物点建立了参照系,空间方位元素描述了不同坐标系的相对关系,同一点在不同坐标系中有不同坐标,它们可以通过空间直角坐标变换进行相互转换。

2.3.1 空间直角坐标变换关系式

如图 2-7 所示,S-XYZ 和 S-xyz 是坐标原点互相重合的两个直角坐标系,记点 P 在两个坐标系中的坐标分别为 (X, Y, Z) 和 (x, y, z),根据解析几何知识,它们存在如下关系式:

$$\begin{bmatrix} X \\ Y \\ Z \end{bmatrix} = R \begin{bmatrix} x \\ y \\ z \end{bmatrix} = \begin{bmatrix} a_1 & a_2 & a_3 \\ b_1 & b_2 & b_3 \\ c_1 & c_2 & c_3 \end{bmatrix} \begin{bmatrix} x \\ y \\ z \end{bmatrix} \tag{2-1}$$

11

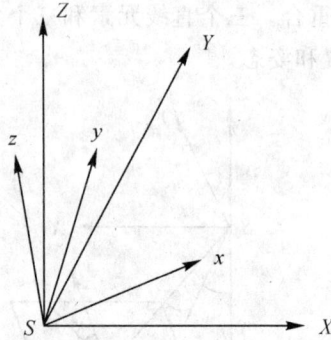

图 2-7　空间直角坐标系之间的关系

式中:R 称为旋转矩阵,矩阵元素如表 2-1 所示,分别为两个坐标系的坐标轴间夹角的余弦,即方向余弦。

表 2-1

cos	x	y	z
X	a_1	a_2	a_3
Y	b_1	b_2	b_3
Z	c_1	c_2	c_3

旋转矩阵 R 是一个正交矩阵,即 $R^{-1}=R^T$,因此上式的逆变换为

$$\begin{bmatrix} x \\ y \\ z \end{bmatrix} = R^{-1} \begin{bmatrix} X \\ Y \\ Z \end{bmatrix} = \begin{bmatrix} a_1 & b_1 & c_1 \\ a_2 & b_2 & c_2 \\ a_3 & b_3 & c_3 \end{bmatrix} \begin{bmatrix} X \\ Y \\ Z \end{bmatrix} \tag{2-2}$$

2.3.2　像点的空间直角坐标变换关系式

像空间坐标系和像空间辅助坐标系是原点重合的两个直角坐标系统,因此,像点在此两个坐标系统中的坐标可以利用(2-1)式和(2-2)式进行换算。如果外方位元素已知,两个坐标系的相对位置和朝向就确定,坐标轴之间的夹角也就确定。也就是说,坐标轴之间的夹角可由外方位元素计算而得。实际上,上述方向的余弦可以根据三个外方位角元素 $\varphi\omega\kappa$ 利用下式直接计算而得:

$$
\left.
\begin{aligned}
a_1 &= \cos\varphi\cos\kappa - \sin\varphi\sin\omega\sin\kappa \\
a_2 &= -\cos\varphi\sin\kappa - \sin\varphi\sin\omega\cos\kappa \\
a_3 &= -\sin\varphi\cos\omega \\
b_1 &= \cos\omega\sin\kappa \\
b_2 &= \cos\omega\cos\kappa \\
b_3 &= -\sin\omega \\
c_1 &= \sin\varphi\cos\kappa + \cos\varphi\sin\omega\sin\kappa \\
c_2 &= -\sin\varphi\sin\kappa + \cos\varphi\sin\omega\cos\kappa \\
c_3 &= \cos\varphi\cos\omega
\end{aligned}
\right\}
\tag{2-3}
$$

反之,如果已知旋转矩阵的九个元素,则两个坐标系坐标轴之间的夹角就确定,它们的相对位置和朝向也就确定,即外方位元素可以由旋转矩阵元素计算而得,计算公式如下:

$$
\left.
\begin{aligned}
\tan\varphi &= -\frac{a_3}{c_3} \\
\sin\omega &= -b_3 \\
\tan\kappa &= \frac{b_1}{b_2}
\end{aligned}
\right\}
\tag{2-4}
$$

2.4　投影变换

实际上,摄影过程是一个从三维空间到二维平面的投影过程,相应的数学描述为投影变换。比较常用的有中心投影、平行投影、正射投影等类型,它们在摄影测量、地图制图等领域有着广泛应用。

1. 中心投影

如图 2-8 所示,中心投影中所有投影光线相交于一点,即投影中心,场景中任意物点成像于过该点的投影光线与投影面(即像平面)的交点。中心投影的变换公式是透视变换,即:

$$
\left.
\begin{aligned}
x &= -f\frac{a_1 X + b_1 Y + c_1 Z}{a_3 X + b_3 Y + c_3 Z} \\
y &= -f\frac{a_2 X + b_2 Y + c_2 Z}{a_3 X + b_3 Y + c_3 Z}
\end{aligned}
\right\}
\tag{2-5}
$$

式中:x,y 为像点坐标,表示像点在投影平面上的位置;X,Y,Z 为物点坐标,表示物点在物方空间中的位置。摄影测量中常用的摄影机为针孔相机,针孔相机的摄影成像就是中心投影过程。

13

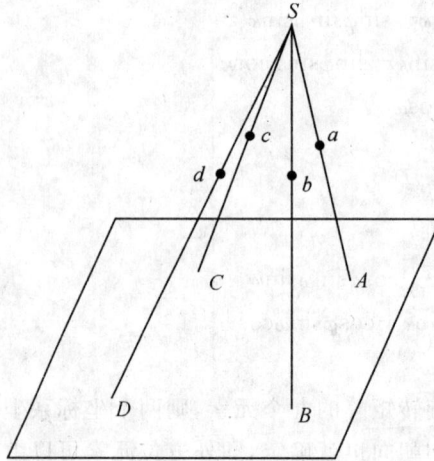

图 2-8　中心投影

2. 平行投影

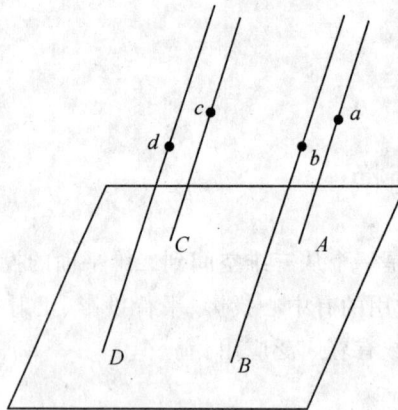

图 2-9　平行投影

　　如图 2-9 所示,平行投影中所有投影光线相互平行,场景中任意物点成像于过该点的投影光线与投影面(即像平面)的交点。平行投影的变换公式是仿射变换,即

$$x = a_1 X + b_1 Y + c_1 Z$$
$$y = a_2 X + b_2 Y + c_2 Z$$

$$(2\text{-}6)$$

式中:x,y 为像点坐标,表示像点在投影平面上的位置;X,Y,Z 为物点坐标,表示物点在物方空间中的位置。

14

3. 正射投影

如图 2-10 所示,所有投影光线相互平行,并且垂直于投影平面,场景中任意物点成像于过该点的投影光线与投影面(即像平面)的交点。正射投影的变换公式是正交变换,即

$$x = a_1 X + b_1 Y + c_1 Z$$
$$y = a_2 X + b_2 Y + c_2 Z \tag{2-7}$$

式中:x, y 为像点坐标,表示像点在投影平面上的位置;X, Y, Z 为物点坐标,表示物点在物方空间中的位置。与仿射变换不同,向量 $(a_1, b_1, c_1)^T$ 与 $(a_2, b_2, c_2)^T$ 相互垂直,如果它们还是单位向量,则变换还有保持景物大小的性质。由于地图制图需要保持地物的形状和相对位置关系,通常采用正射投影。

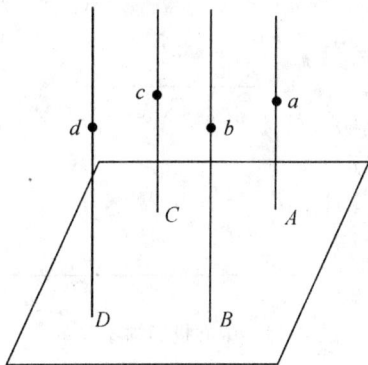

图 2-10　正射投影

2.5　单像解析

利用摄影机拍摄物体,物点成像于图像中的像点,像点和物点之间存在对应关系,这种对应关系反应了单像几何特性,同时又是双像和多像几何特性的基础。在传统摄影测量中,摄影机为针孔相机,摄影成像是一个中心投影过程,投影中心、像点和物点三点共线,这是单像解析的最本质几何特性。

2.5.1　共线方程

中心投影的构象关系如图 2-11 所示,S 为投影中心,A 为物点,连线 SA 与像平面相交于点 a,a 即为 A 的投影成像点。记 A 在物方空间坐标系中的坐标为 (X, Y, Z),S 在物方空间坐标系中的坐标为 (X_s, Y_s, Z_s),a 在像方空间坐标系和像方空间辅助坐标系中的坐标分别为 $(x, y, -f)$ 和 (u, v, w),则 A 在像方

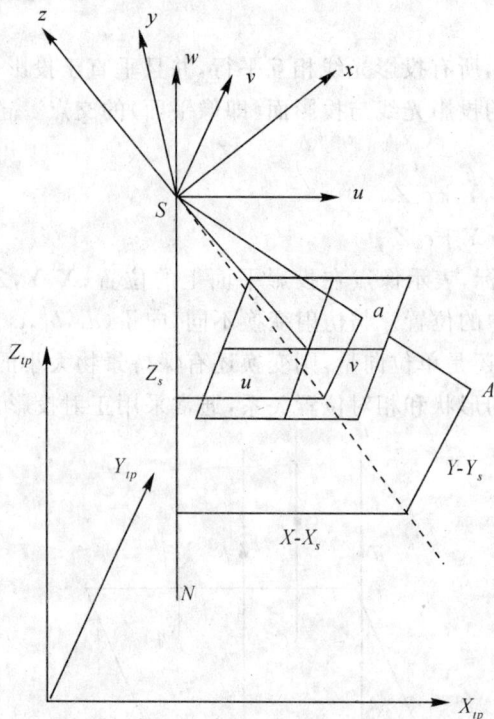

图 2-11　中心投影构象关系

空间辅助坐标系中的坐标为$(X-X_S,Y-Y_S,Z-Z_S)$,根据 S、a、A 三点共线的特性可得

$$
\begin{bmatrix} X-X_S \\ Y-Y_S \\ Z-Z_S \end{bmatrix} = \lambda \begin{bmatrix} u \\ v \\ w \end{bmatrix} \tag{2-8}
$$

式中:比例系数 λ 表达构象的比例尺。

　　进一步考虑像方空间坐标系和像方空间辅助坐标系的坐标转换关系,可以得到:

$$
\begin{bmatrix} X-X_S \\ Y-Y_S \\ Z-Z_S \end{bmatrix} = \lambda \begin{bmatrix} u \\ v \\ w \end{bmatrix} = \lambda R \begin{bmatrix} x \\ y \\ -f \end{bmatrix} = \lambda \begin{bmatrix} a_1 & a_2 & a_3 \\ b_1 & b_2 & b_3 \\ c_1 & c_2 & c_3 \end{bmatrix} \begin{bmatrix} x \\ y \\ -f \end{bmatrix} \tag{2-9}
$$

式中:旋转矩阵 R 的元素可以由像片外方位元素角元素根据(2-3)式计算而得。

　　根据旋转矩阵的正交性可以得到上式的逆变换:

$$\begin{bmatrix} x \\ y \\ -f \end{bmatrix} = \frac{1}{\lambda} \begin{bmatrix} a_1 & b_1 & c_1 \\ a_2 & b_2 & c_2 \\ a_3 & b_3 & c_3 \end{bmatrix} \begin{bmatrix} X-X_S \\ Y-Y_S \\ Z-Z_S \end{bmatrix} \qquad (2\text{-}10)$$

用第三式除以第一、二式可得：

$$x = -f \frac{a_1(X-X_S)+b_1(Y-Y_S)+c_1(Z-Z_S)}{a_3(X-X_S)+b_3(Y-Y_S)+c_3(Z-Z_S)}$$

$$y = -f \frac{a_2(X-X_S)+b_2(Y-Y_S)+c_2(Z-Z_S)}{a_3(X-X_S)+b_3(Y-Y_S)+c_3(Z-Z_S)} \qquad (2\text{-}11)$$

这就是中心投影构象的基本公式，反映投影中心、像点和物点三点共线的本质特性，因此称为共线方程。共线方程涉及像点坐标、物点坐标以及空间方位元素三类参数。如果已知其中两类参数，可以将另一类参数作为未知数，依据共线方程列立方程组，然后求解确定未知数，因此，利用共线方程可以进行如下工作：

（1）投影成像：从几何角度看，如图 2-11 所示，连接投影中心和物点得到投影光线，投影光线与像平面相交确定像点。从方程角度看，将共线方程看作像点坐标关于物点坐标、空间方位元素的函数，并将物点坐标、空间方位元素作为已知参数代入方程计算得到像点坐标。

（2）后方交会：从几何角度看，如图 2-12 所示，连接物点和像点得到投影光线，利用多对物点及像点确定多条投影光线，多条投影光线相交确定投影中心的位置及投影方向。从方程角度看，将像点坐标和物点坐标看作已知参数，将像片空间方位元素看作未知数，依据共线方程列立关于未知数的方程组，求解确定未知数，得到像片的空间方位元素，恢复摄影位置和姿态。

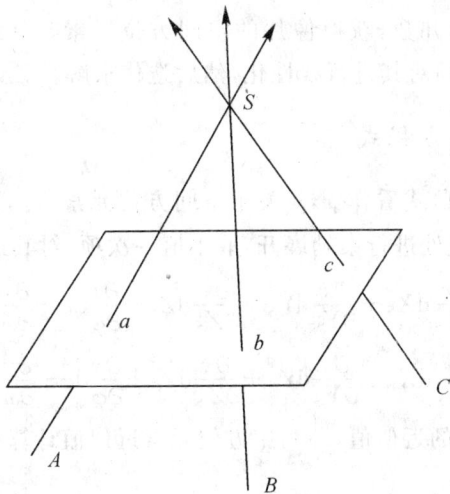

图 2-12　后方交会

17

（3）前方交会：从几何角度看，如图 2-13 所示，连接投影中心和像点得到反向投影光线，利用多个投影中心以及同名像点（即同一物点在不同影像上的成像点）确定多条反向投影光线，多条反向投影光线相交确定物点位置。从方程角度看，将像点坐标和空间方位元素看作已知参数，将物点坐标看作未知数，依据共线方程列立关于未知数的方程组，求解确定未知数，恢复物点的空间位置。

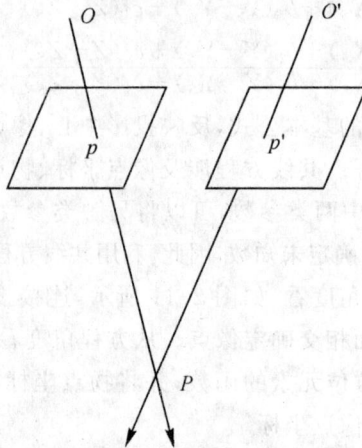

图 2-13　前方交会

2.5.2　空间后方交会

如前所述，利用共线方程可以进行后方交会，即将像点坐标和物点坐标看作已知参数，将像片空间方位元素看作未知数，依据共线方程列立关于未知数的方程组，然后求解确定未知数，获得像片的空间方位元素。共线方程是非线性方程，不能直接求解，必须对其进行线性化，然后迭代求解。

2.5.2.1　基本方程式

将共线方程(2-11)式看作 x,y 关于空间方位元素 $X_s,Y_s,Z_s,\varphi,\omega,\kappa$ 的函数，在方位元素初始值处进行泰勒展开，取小值一次项，对其进行线性化，得到：

$$x = (x) + \frac{\partial x}{\partial X_s}\mathrm{d}X_s + \frac{\partial x}{\partial Y_s}\mathrm{d}Y_s + \frac{\partial x}{\partial Z_s}\mathrm{d}Z_s + \frac{\partial x}{\partial \varphi}\mathrm{d}\varphi + \frac{\partial x}{\partial \omega}\mathrm{d}\omega + \frac{\partial x}{\partial \kappa}\mathrm{d}\kappa$$

$$y = (y) + \frac{\partial y}{\partial X_s}\mathrm{d}X_s + \frac{\partial y}{\partial Y_s}\mathrm{d}Y_s + \frac{\partial y}{\partial Z_s}\mathrm{d}Z_s + \frac{\partial y}{\partial \varphi}\mathrm{d}\varphi + \frac{\partial y}{\partial \omega}\mathrm{d}\omega + \frac{\partial y}{\partial \kappa}\mathrm{d}\kappa$$

(2-12)

式中：$(x),(y)$ 为函数的近似值，即利用方位元素近似值计算得到的函数值。

记

$$\overline{X} = a_1(X-X_s) + b_1(Y-Y_s) + c_1(Z-Z_s)$$

$$\overline{Y}=a_2(X-X_S)+b_2(Y-Y_S)+c_2(Z-Z_S)$$
$$\overline{Z}=a_3(X-X_S)+b_3(Y-Y_S)+c_3(Z-Z_S)$$

在此基础上,可以求取各个偏导数,文献[1][3]给出了详细推导过程和结果,我们在此引入新的记号表示各个偏导数并直接给出结果。

$$a_{11}=\frac{\partial x}{\partial X_s}=\frac{1}{Z}(a_1f+a_3x)$$

$$a_{12}=\frac{\partial x}{\partial Y_s}=\frac{1}{Z}(b_1f+b_3x)$$

$$a_{13}=\frac{\partial x}{\partial Z_s}=\frac{1}{Z}(c_1f+c_3x)$$

$$a_{14}=\frac{\partial x}{\partial \varphi}=y\sin\omega-[\frac{x}{f}(x\cos\kappa-y\sin\kappa)+f\cos\kappa]\cos\omega$$

$$a_{15}=\frac{\partial x}{\partial \omega}=-f\sin\kappa-\frac{x}{f}(x\sin\kappa+y\cos\kappa)$$

$$a_{16}=\frac{\partial x}{\partial \kappa}=y$$

$$(2\text{-}13)$$

$$a_{21}=\frac{\partial y}{\partial X_s}=\frac{1}{Z}(a_2f+a_3y)$$

$$a_{22}=\frac{\partial y}{\partial Y_s}=\frac{1}{Z}(b_2f+b_3y)$$

$$a_{23}=\frac{\partial y}{\partial Z_s}=\frac{1}{Z}(c_2f+c_3y)$$

$$a_{24}=\frac{\partial y}{\partial \varphi}=-x\sin\omega-[\frac{y}{f}(x\cos\kappa-y\sin\kappa)-f\sin\kappa]\cos\omega$$

$$a_{25}=\frac{\partial y}{\partial \omega}=-f\cos\kappa-\frac{y}{f}(x\sin\kappa+y\cos\kappa)$$

$$a_{26}=\frac{\partial y}{\partial \kappa}=-x$$

$$(2\text{-}14)$$

2.5.2.2 误差方程组和法方程组

对于一对已知物点及其像点,可以依据上述条件式列立两个方程,如果有三个控制点,则可以列立六个方程,从而可以求解得到六个未知数,如果有多余观测,则可以采用最小二乘方法求解确定未知数。

通常地,将控制点的地面坐标看作真值,把相应的像点坐标看作观测值,依据条件式列立如下误差方程式:

$$V_x=a_{11}\mathrm{d}X_S+a_{12}\mathrm{d}Y_S+a_{13}\mathrm{d}Z_S+a_{14}\mathrm{d}\varphi+a_{15}\mathrm{d}\omega+a_{16}\mathrm{d}\kappa-l_x$$
$$V_y=a_{21}\mathrm{d}X_S+a_{22}\mathrm{d}Y_S+a_{23}\mathrm{d}Z_S+a_{24}\mathrm{d}\varphi+a_{25}\mathrm{d}\omega+a_{26}\mathrm{d}\kappa-l_y$$

$$(2\text{-}15)$$

其中，

$$l_x = x - (x) \atop l_y = y - (y) \biggr\} \tag{2-16}$$

引入矩阵记号：

$$V = [V_x \quad V_y]^T$$

$$l = [l_x \quad l_y]^T$$

$$A = \begin{bmatrix} a_{11} & a_{12} & a_{13} & a_{14} & a_{15} & a_{16} \\ a_{21} & a_{22} & a_{23} & a_{24} & a_{25} & a_{26} \end{bmatrix}$$

$$X = [dX_S \quad dY_S \quad dZ_S \quad d\varphi \quad d\omega \quad d\kappa]^T$$

则误差方程可以写为：

$$V = AX - l$$

若有 n 个控制点，则利用第 i 个控制点可以列立误差方程式：

$$V_i = A_i X - l_i$$

组合所有误差方程式可构成总误差方程式：

$$V = AX - L \tag{2-17}$$

式中：

$$V = [V_1 \quad V_2 \cdots V_n]^T$$

$$A = [A_1 \quad A_2 \cdots A_n]^T$$

$$L = [l_1 \quad l_2 \cdots l_n]^T$$

根据最小二乘法间接平差原理，可列出法方程式：

$$A^T PAX = A^T PL \tag{2-18}$$

进一步，可以求取未知数向量

$$X = (A^T PA)^{-1} A^T PL \tag{2-19}$$

式中：P 为观测值的权矩阵，反映观测值的量测精度。一般认为所有像点坐标具有相同的量测精度，即 P 为单位矩阵。求取未知数向量就获得空间方位元素近似值的改正数。

由于误差方程式中的各系数取自泰勒级数展开式的一次项，而空间方位元素近似值往往是粗略的，因此必须通过逐渐趋近的方法逼近空间方位元素的精确值，即用近似值与改正数之和作为新的近似值，重复上述计算过程以求取新的改正数，如此反复迭代直至改正数小于规定的限值为止，最后得到空间方位元素的解：

$$\left.\begin{array}{l} X_S = X_{S0} + dX_{S1} + dX_{S2} + \cdots \\ Y_S = Y_{S0} + dY_{S1} + dY_{S2} + \cdots \\ Z_S = Z_{S0} + dZ_{S1} + dZ_{S2} + \cdots \\ \varphi = \varphi_0 + d\varphi_1 + d\varphi_2 + \cdots \\ \omega = \omega_0 + d\omega_1 + d\omega_2 + \cdots \\ \kappa = \kappa_0 + d\kappa_1 + d\kappa_2 + \cdots \end{array}\right\} \quad (2\text{-}20)$$

2.5.2.3　计算流程

空间后方交会的计算流程包括如下步骤：

(1)准备工作：获取像片比例尺、平均航高、内方位元素等已知数据，量测控制点的像点坐标。然后根据已知数据确定未知数初始值，通常将角元素初始值取为0，线元素的 Z 坐标取为平均航高，另两个坐标取为四个角上控制点的平均值。

(2)计算旋转矩阵：利用空间方位元素角元素近似值计算方向余弦，组成旋转矩阵。

(3)计算像点坐标近似值：利用未知数近似值依据共线方程计算像点坐标的近似值。

(4)组成误差方程式：计算共线方程线性化系数，组成误差方程式。

(5)组成法方程式：根据误差方程式组成法方程式。

(6)求解外方位元素：求解法方程式得到外方位元素改正数，并叠加到近似值上得到新一轮的近似值。

(7)终止判断：判断改正数是否小于给定限差，如果满足则停止计算，否则从新一轮近似值开始重复(2)至(7)的计算步骤。

2.6　双像解析

根据单像解析的知识，物点在反向投影光线上，即投影中心与像点的连线上，但具体位置不能确定。如果利用两个相机在不同位置拍摄同一物体，物点将分别成像于两幅图像中的两个同名像点，根据同名像点的两条反向投影光线采用前方交会可以确定物点的位置。这一目标的实现有两条途径：第一条途径利用空间后方交会恢复每张像片在摄影时刻的空间位置和姿态，然后利用前方交会确定物点空间位置。第二条途径首先利用相对定向恢复两张像片的相对位置关系，重建一个自由立体模型，然后利用绝对定向恢复立体模型的绝对位置和大小。双像解析研究两张像片之间的几何关系，包括相对定向、绝对定向以及前方交会等内容。

2.6.1 空间前方交会

立体像对的前方交会就是根据同名像点交会确定物点的过程。在立体像对两张像片空间方位元素已知时,从两个摄影中心分别发射两条反向投影光线指向两个同名像点,两条光线必然相交于物点。将物点坐标看作未知数,像片空间方位元素和像点坐标看作已知参数,利用共线方程可以列立四个方程,这四个方程可以确定三个未知数。

不失一般性,假设物点坐标为(X,Y,Z),同名像点a和a'的像点坐标分别为(x,y)和(x',y'),其在像空间辅助坐标系中的坐标分别为(u,v,w)和(u',v',w'),则

$$\begin{bmatrix} u \\ v \\ w \end{bmatrix} = R \begin{bmatrix} x \\ y \\ -f \end{bmatrix} = \begin{bmatrix} a_1 & a_2 & a_3 \\ b_1 & b_2 & b_3 \\ c_1 & c_2 & c_3 \end{bmatrix} \begin{bmatrix} x \\ y \\ -f \end{bmatrix}$$

$$\begin{bmatrix} u' \\ v' \\ w' \end{bmatrix} = R' \begin{bmatrix} x' \\ y' \\ -f \end{bmatrix} = \begin{bmatrix} a'_1 & a'_2 & a'_3 \\ b'_1 & b'_2 & b'_3 \\ c'_1 & c'_2 & c'_3 \end{bmatrix} \begin{bmatrix} x' \\ y' \\ -f \end{bmatrix}$$

由摄影中心、像点和物点三点共线的特性可以得到:

$$\frac{SA}{Sa} = \frac{X-X_S}{u} = \frac{Y-Y_S}{v} = \frac{Z-Z_S}{w} = N$$

$$\frac{S'A}{S'a'} = \frac{X-X'_s}{u'} = \frac{Y-Y'_s}{v'} = \frac{Z-Z'_s}{w'} = N'$$

联立两组方程可以解求得到:

$$N = \frac{w'B_x - u'B_z}{uw' - wu'}$$

$$N' = \frac{wB_x - uB_z}{uw' - wu'}$$

其中,

$$B_X = X_s - X'_s$$
$$B_Y = Y_s - Y'_s$$
$$B_Z = Z_s - Z'_s$$

进而得到:

$$\left. \begin{array}{l} X = X_s + Nu \\ Y = Y_s + Nv \\ Z = Z_s + Nw \end{array} \right\} \tag{2-21}$$

2.6.2　相对定向

相对定向旨在恢复立体像对两张像片在摄影时刻的相对位置和姿态,从而重建自由立体模型。

2.6.2.1　相对定向元素

相对定向元素是描述立体像对中两张像片的相对位置和姿态关系的元素。通常为立体像对两张像片选择一个共同的像空间辅助坐标系,然后以两张像片的空间方位元素作为相对定向元素。像空间辅助坐标系的选择通常有连续像对相对定向坐标系和单独像对相对定向坐标系两种方式。

1. 连续像对相对定向元素

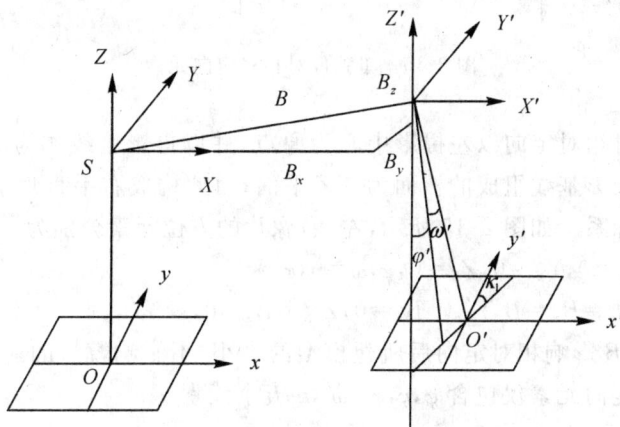

图 2-14　连续像对相对定向元素

连续像对相对定向是以左方像片为基准,确定右方像片相对于左方像片的相对定向元素的定向方式。一般而言,可以选择像空间辅助坐标系使得左方像片在像空间辅助坐标系中的方位元素均为已知,为简便考虑,通常选择左方像片的像空间坐标系作为像空间辅助坐标系。如图 2-14 所示,左、右像片的方位元素分别为:

左像:$X_s=0, Y_s=0, Z_s=0, \varphi=\omega=\kappa=0$

右像:$X'_s=B_x, Y'_s=B_y, Z'_s=B_z, \varphi', \omega', \kappa'$

其中,B_x 影响相对定向后所建模型的大小,不影响模型的建立。因此,连续像对相对定向元素仅包含 $B_y, B_z, \varphi', \omega', \kappa'$ 五个元素。

2. 单独像对相对定向元素

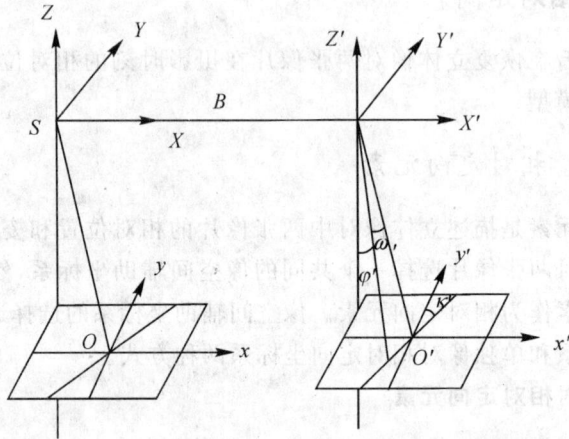

图 2-15　单独像对相对定向元素

　　单独像对相对定向以左摄影中心为原点,并以摄影基线作为 X 轴,以左像片主光轴与摄影基线组成的核面为 XZ 平面,由此构成右手直角坐标系作为像空间辅助坐标系。如图 2-15 所示,左、右像片的方位元素分别为:

左像: $X_S=0, Y_S=0, Z_S=0, \varphi, \omega=0, \kappa$

右像: $X'_S=B_x=B, Y'_S=B_y=0, Z'_S=B_z=0, \varphi', \omega', \kappa'$

　　同样的,B 影响相对定向后所建模型的大小,不影响模型的建立。因此,单独像对相对定向元素仅包含 $\varphi, \kappa, \varphi', \omega', \kappa'$ 五个元素。

2.6.2.2　相对定向原理

　　可以看出,相对定向的任务就是求解相对定向元素,一旦求取相对定向元素,两张像片的相对位置和姿态就恢复了。从几何角度看,如果恢复了两张像片的相对位置和姿态,则每一对同名光线都相交,因此,同名光线对对相交是立体像对的一个本质特性,也是相对定向的一个条件。相对定向的原理就是依据同名光线对对相交的特性构造相对定向元素的条件式,然后列立方程组求解得到相对定向元素。

1. 相对定向的共面条件

　　如图 2-16 所示为一个立体像对,S 和 S' 为立体像对左、右两个摄影中心,A 为地面场景中一个物点,成像于左右两幅影像中 a 和 a',Sa 和 $S'a'$ 为同名光线,由于同名光线相交,SS'、Sa 和 $S'a'$ 三线共面,即如下三个矢量的混合积为零:

$$\overrightarrow{SS'} \cdot (\overrightarrow{Sa} \times \overrightarrow{S'a'}) = 0 \qquad (2\text{-}22)$$

24

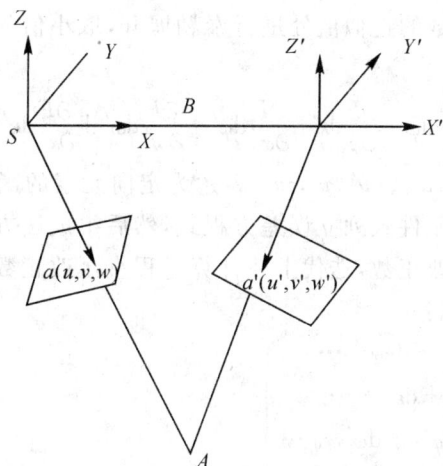

图 2-16　相对定向的共面条件

相对定向就是依据共面条件列立方程组求解定向参数。

2. 连续像对相对定向

对于连续像对相对定向,向量 $\overrightarrow{SS'}$、$\overrightarrow{Sa}$ 和 $\overrightarrow{S'a'}$ 的坐标分量形式分别为 (B_x, B_y, B_z)、(u, v, w)、(u', v', w')。因此,共面条件可以写成如下形式:

$$F(B_y, B_z, \varphi, \omega, \kappa) = \begin{vmatrix} B_x & B_y & B_z \\ u & v & w \\ u' & v' & w' \end{vmatrix} = 0 \qquad (2\text{-}23)$$

这是一个非线性函数,可以在定向参数的近似值处进行泰勒展开,取小值一次项,将上式线性化为:

$$F = F_0 + \frac{\partial F}{\partial B_y} \mathrm{d}B_y + \frac{\partial F}{\partial B_z} \mathrm{d}B_z + \frac{\partial F}{\partial \varphi} \mathrm{d}\varphi' + \frac{\partial F}{\partial \omega} \mathrm{d}\omega' + \frac{\partial F}{\partial \kappa} \mathrm{d}\kappa' = 0 \qquad (2\text{-}24)$$

将 (u, v, w)、(u', v', w') 表达为定向元素的函数,可以求取上述各个偏导数,进而依据条件式列立误差方程式,然后组成法方程式,求解得到未知数,即为定向元数的改正数,迭代上述计算过程直至改正数小于给定限差为止。详细内容可以参见文献[1][3]。

3. 单独像对相对定向

对于单独像对相对定向,向量 $\overrightarrow{SS'}$、$\overrightarrow{Sa}$ 和 $\overrightarrow{S'a'}$ 的坐标分量形式分别为 $(B, 0, 0)$、(u, v, w)、(u', v', w'),共面条件可以写成如下形式:

$$F(\varphi, \kappa, \varphi'\omega', \kappa') = \begin{vmatrix} B & 0 & 0 \\ u & v & w \\ u' & v' & w' \end{vmatrix} \qquad (2\text{-}25)$$

然后,在定向参数的近似值处进行泰勒展开,取小值一次项,将上式线性化为:

$$F = F_0 + \frac{\partial F}{\partial \varphi}d\varphi + \frac{\partial F}{\partial \kappa}d\kappa + \frac{\partial F}{\partial \varphi'}d\varphi' + \frac{\partial F}{\partial \omega'}d\omega' + \frac{\partial F}{\partial \kappa'}d\kappa' = 0 \qquad (2\text{-}26)$$

同样的,将 (u,v,w)、(u',v',w') 表达为定向元素的函数,可以求取上述各个偏导数,进而依据条件式列立误差方程式,然后组成法方程式,求解得到未知数,即为定向元数的改正数,迭代上述计算过程直至改正数小于给定限差为止,最终可求得定向元素:

$$\left.\begin{array}{l} \varphi = \varphi_0 + d\varphi_1 + d\varphi_2 + \cdots \\ \kappa = \kappa_0 + d\kappa_1 + d\kappa_2 + \cdots \\ \varphi' = \varphi'_0 + d\varphi'_1 + d\varphi'_2 + \cdots \\ \omega' = \omega'_0 + d\omega'_1 + d\omega'_2 + \cdots \\ \kappa' = \kappa'_0 + d\kappa'_1 + d\kappa'_2 + \cdots \end{array}\right\} \qquad (2\text{-}27)$$

2.6.2.3　计算流程

下面以单独像对相对定向为例,给出相对定向的计算流程,具体步骤如下:

(1)输入像点坐标:输入多对同名像点坐标 (x,y) 和 (x',y')。

(2)确定定向参数近似值:对于独立像对相对定向,令 $\varphi = \kappa = \varphi' = \omega' = \kappa' = 0$。

(3)计算旋转矩阵:根据定向元数近似值计算方向余弦 a_i, b_i, c_i 和 a'_i, b'_i, c'_i,组成旋转矩阵 R 和 R'。

(4)计算像点的像空间辅助坐标:根据旋转矩阵及像点坐标计算像点在像空间辅助坐标系中的坐标 (u,v,w) 和 (u',v',w')。

(5)组成误差方程式:计算共面条件式线性化系数,组成误差方程式。

(6)组成法方程式:根据误差方程式组成法方程式。

(7)求解未知数:求解法方程式得到定向元数改正数,并叠加到近似值上得到新一轮近似值。

(8)终止判断:判断改正数是否小于给定限差,如果满足则停止计算,否则从新一轮近似值开始重复(3)至(7)的计算步骤。

2.6.3　绝对定向

在立体像对完成相对定向后,可以利用前方交会方法计算每个物点的模型坐标(即在像空间辅助坐标系中的坐标),建立立体模型。但是,这个模型以像空间辅助坐标系为参照,模型的大小也是自由的,不能确定模型点的绝对位置。为完成地形测量等任务,必须将上述模型归化到地面测量坐标系统中,即根据若干控制点的地面测量坐标,解算立体模型的自由参数,这一过程称为立体模型的绝对定向。

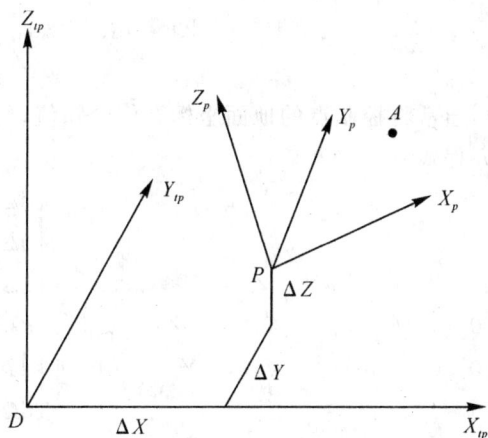

图 2-17　绝对定向

如图 2-17 所示,直角坐标系 $P\text{-}X_PY_PZ_P$ 表示像空间辅助坐标系,直角坐标系 $D\text{-}X_{tP}Y_{tP}Z_{tP}$ 表示地面测量坐标系,记物点 A 在两个坐标系中的坐标分别为 (X_P,Y_P,Z_P) 和 (X_{tP},Y_{tP},Z_{tP}),它们之间存在如下直角坐标变换关系:

$$\begin{bmatrix} X_{tP} \\ Y_{tP} \\ Z_{tP} \end{bmatrix} = \lambda \begin{bmatrix} a_1 & a_2 & a_3 \\ b_1 & b_2 & b_3 \\ c_1 & c_2 & c_3 \end{bmatrix} \begin{bmatrix} X_P \\ Y_P \\ Z_P \end{bmatrix} + \begin{bmatrix} \Delta X \\ \Delta Y \\ \Delta Z \end{bmatrix} \tag{2-28}$$

式中:λ 为比例缩放因子,旋转矩阵元素 a_i, b_i, c_i 为坐标轴系三个旋转角 $\varPhi\varOmega K$ 的函数,$\Delta X, \Delta Y, \Delta Z$ 为坐标原点的平移量,这七个元素称为绝对定向元素。

实际上,每张像片有六个空间方位元素,立体像对有 12 个自由参数,减去相对定向已经恢复的五个自由参数,剩下的七个自由参数就是绝对定向元素。

由于控制点在两个坐标系中的坐标都已知,将绝对定向元素看作未知数,依据上式可以列立关于绝对定向元素的方程组。依据一个控制点可以列立三个方程,求解七个未知数至少需要两个平高控制点(平面坐标和高程均已知)和一个高程控制点(仅已知高程值),如果有多余观测,则可采用最小二乘方法求解。

上述直角坐标变换关系为非线性表达形式,通常在绝对定向元素近似值处进行泰勒展开,取小值一次项,对其进行线性化。在旋转角度为小角度情况下,条件式可以线性化为:

$$\begin{bmatrix} X_{tP} \\ Y_{tP} \\ Z_{tP} \end{bmatrix} = \lambda_0 R_0 \begin{bmatrix} X_P \\ Y_P \\ Z_P \end{bmatrix} + \begin{bmatrix} \Delta X \\ \Delta Y \\ \Delta Z \end{bmatrix} + \lambda_0 \begin{bmatrix} d\lambda & -dK & -d\Phi \\ dK & d\lambda & -d\Omega \\ d\Phi & d\Omega & d\lambda \end{bmatrix} \begin{bmatrix} X_P \\ Y_P \\ Z_P \end{bmatrix} + \begin{bmatrix} d\Delta X \\ d\Delta Y \\ d\Delta Z \end{bmatrix}$$

$$(2-29)$$

在摄影测量中,通常将控制点的地面坐标看作已知值,将模型坐标看作观测值,列立如下误差方程式:

$$\begin{bmatrix} V_X \\ V_Y \\ V_Z \end{bmatrix} = \begin{bmatrix} 1 & 0 & 0 & X_P & -Z_P & 0 & -Y_P \\ 0 & 1 & 0 & Y_P & 0 & -Z_P & Z_P \\ 0 & 0 & 1 & Z_P & X_P & Y_P & 0 \end{bmatrix} \begin{bmatrix} d\Delta X \\ d\Delta Y \\ d\Delta Z \\ d\lambda \\ d\Phi \\ d\Omega \\ dK \end{bmatrix} - \begin{bmatrix} l_X \\ l_Y \\ l_Z \end{bmatrix} \qquad (2-30)$$

其中,

$$\begin{bmatrix} l_X \\ l_Y \\ l_Z \end{bmatrix} = \begin{bmatrix} X_{tP} \\ Y_{tP} \\ Z_{tP} \end{bmatrix} - \lambda_0 R_0 \begin{bmatrix} X_P \\ Y_P \\ Z_P \end{bmatrix} - \begin{bmatrix} \Delta X_0 \\ \Delta Y_0 \\ \Delta Z_0 \end{bmatrix} \qquad (2-31)$$

然后组成法方程式,求解得到未知数,即为绝对定向元素的改正数,迭代上述计算过程直至改正数小于给定的限差为止,最终可求得绝对定向元素:

$$\left. \begin{array}{l} \Delta X = \Delta X_0 + d\Delta X_1 + d\Delta X_2 + \cdots \\ \Delta Y = \Delta Y_0 + d\Delta Y_1 + d\Delta Y_2 + \cdots \\ \Delta Z = \Delta Z_0 + d\Delta Z_1 + d\Delta Z_2 + \cdots \\ \lambda = \lambda_0 + d\lambda_1 + d\lambda_2 + \cdots \\ \Phi = \Phi_0 + d\Phi_1 + d\Phi_2 + \cdots \\ \Omega = \Omega_0 + d\Omega_1 + d\Omega_2 + \cdots \\ K = K_0 + dK_1 + dK_2 + \cdots \end{array} \right\} \qquad (2-32)$$

完成立体模型绝对定向后,利用直角坐标变换公式对每个模型点进行变换,就可以计算其在地面测量坐标系中的坐标,恢复模型的绝对位置和大小,将其纳入到地面测量坐标系统中。

2.7 解析法空中三角测量

根据双像解析的知识,利用两张像片可以进行双像解析摄影测量,重建三维模型。对于一个立体像对,需要四个控制点才能解求两张像片的 12 个空间方位元素,对于包含几十个像对的航带或区域网来说,所需控制点的数目非常可观,外业工作量非常大。解析法空中三角测量通过解析摄影测量方法在内业中加密出每个像对所需的控制点,从而减少对外业测量工作的压力。下面对解析空中三角测量的航带法、独立模型法和光束法等三种方法作简要介绍。

1. 航带法解析空中三角测量

首先,对航带中每个像对进行连续法相对定向,建立立体模型。每个像对相对定向以左像片为基准,求出右像片相对于左像片的相对定向元素。先以航带中第一张像片的像空间坐标系作为像空间辅助坐标系,对第一个像对进行相对定向,求出第二张像片相对于第一张像片的相对定向元素。接着保持第一个像对不动,对由第二和第三张像片组成的第二个像对进行相对定向,求出第三张像片相对于第二张像片的相对方位元素。如此下去,当完成所有像对的相对定向时,就恢复了所有像片的相对姿态。但是,由于各模型的大小是自由的,不同立体模型可能具有不同比例尺。为此,必须以相邻模型公共点为衔接的约束条件,进行模型连接以构成航带模型。同样地,可以建立其他航带模型。

其次,以航带内四个控制点或相邻航带公共点为控制,进行航带模型的绝对定向,将各个航带模型连接成区域网,并利用绝对定向元素变换所有加密点以得到其在地面测量坐标系中的坐标。

最后,进行航带或区域网的非线性改正,改正各种误差及误差累积所致的航带或区域网的非线性变形。通常采用二次或三次多项式描述非线性变形,以控制点计算坐标和实测坐标相等作为条件求取多项式的系数,并以所得多项式模型改正模型点坐标。

虽然这种方法理论不够严密,但是其计算速度快,内存需求量小,因而比较常用。

2. 独立模型法解析空中三角测量

这种方法对各个立体像对进行单独法相对定向,建立立体模型。由于各模型的像空间辅助坐标系和比例尺不一致,必须对各个模型进行平移、旋转、缩放变换将所有立体模型纳入到统一的坐标系统中,即对每个模型进行绝对定向。通常以相邻模型公共点在各模型中的坐标相等以及控制点计算坐标和实测坐标相等为约束条件,按照最小二乘原理统一求解所有模型的绝对定向元素,并利用绝对定向元素变换所有加密点以得到其在地面测量坐标系中的坐标。

在理论上,这种方法比航带法更严密,但是其计算速度更慢,内存需求量更大。

3. 光束法解析空中三角测量

这种方法以每张像片为单元,以共线方程为依据,列立待求点和控制点的方程,并组成全区域的误差方程式和法方程式,整体解算每张像片的六个外方位元素和待求点的地面坐标。

这种方法理论严密,精度最高,但是计算时间最长,内存需求量也很大。但是,随着计算机技术的发展,光束法已经表现出自身优势,成为最具生命力的解析空中三角测量方法。

2.8 小 结

本章介绍了摄影测量的基础知识,首先介绍摄影测量中常用的坐标系统、像片空间方位元素、空间直角坐标变换以及投影变换等基础知识;在此基础上,介绍摄影测量中的两个核心问题,即单像解析和双像解析;最后简要介绍解析法空中三角测量。本章给出像片几何关系的描述和分析工具,为介绍后续章节奠定了基础。

第3章 物理传感器模型

高分辨率 CCD 传感器的出现为获取高分辨率卫星影像提供可能，为实现高分辨率遥感奠定技术基础。利用传感器获取地面的影像是遥感的基础，研究传感器成像机理则是遥感影像处理和分析的关键。本章介绍 CCD 传感器成像机理，建立 CCD 传感器成像模型，用以描述像点与物点的几何关系。

3.1 CCD 传感器

CCD 传感器是用一种称为电荷耦合器件 CCD(Charge Coupled Device)的探测器制成的传感器。这种探测器是由半导体制成，受光或电激作用产生的电荷靠电子或空穴运载，在固体内运动，产生输出信号。CCD 传感器利用这种原理获取影像。

3.1.1 面阵 CCD 传感器

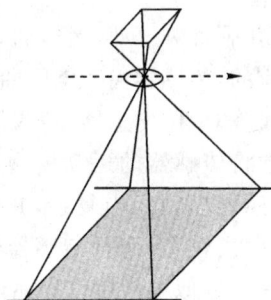

图 3-1　面阵 CCD 传感器

如果将 CCD 元器件按行列排列在一个矩形区域中，就构成面阵列 CCD 传感器。每个元器件对应一个像素。如图 3-1 所示，面阵 CCD 传感器一次获取一幅完整的影像，所有像素共享同一个投影中心，构象关系为中心投影方式。

3.1.2 线阵 CCD 传感器

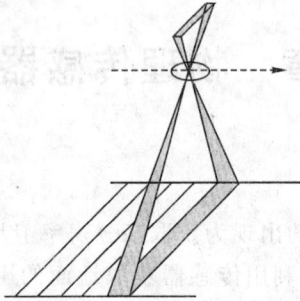

图 3-2 线阵 CCD 传感器

如果将 CCD 元器件排成一行,就构成线阵 CCD 传感器。每个元器件仍然对应一个像素。如图 3-2 所示,线阵 CCD 传感器一次获取一条线影像,即一扫描行影像。它采用推扫方式获取一幅完整影像,卫星沿着轨道飞行前进,传感器随之向前移动并获取下一行影像,通过这种方式获取不同行影像,然后拼接成为一幅完整影像。线阵 CCD 传感器在扫描行方向(即垂直于飞行方向)上的构象关系是中心投影方式,在飞行方向上是平行投影方式。

3.2 卫星运动轨迹

如图 3-3 所示,卫星在轨道平面内运动,运行轨迹为轨道平面内的椭圆,运动规律服从开普勒定理。相应的,传感器沿着空间曲线运动,传感器的空间位置和姿态随时间而变化。对于线阵 CCD 传感器而言,传感器在每个扫描瞬间的位置和姿态是变化的,因此,必须将传感器的运动模型纳入成像模型,才能建立严格的成像模型。但是,这种传感器模型相当复杂,并不实用。另一方面,在获取一幅影像的时间内,卫星运行距离较短,而且传感器受外界阻力小,飞行轨道平稳,姿态变化率小,可以建立一个近似模型用以描述传感器空间方位元素的变化规律。

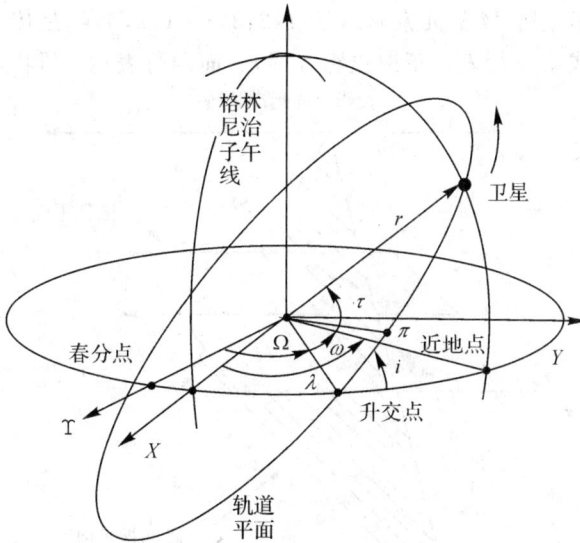

图 3-3　卫星运行轨迹

3.3　线性传感器模型

3.3.1　线性模型

Gupta 和 Hartley 将获取一幅影像时间段内传感器的运行轨迹近似为一条直线,将传感器姿态近似为恒定常数,提出了线阵 CCD 传感器的线性成像模型[16]。如图 3-4 所示,传感器沿直线匀速运动,在每一瞬间仅仅位于瞬间视平面内的点成像于投影直线上,由于传感器姿态不变,所有投影直线位于同一个平面上,组成图像平面。

选择 x 轴平行于传感器前进方向,y 轴平行于扫描方向,建立像平面坐标系,并建立相应的空间直角坐标系,则在 x 轴方向为正射投影(含缩放变换),在 y 轴方向为中心投影,采用齐次坐标表达形式,线阵 CCD 传感器的成像模型可以表达为如下线性形式:

$$\begin{bmatrix} x \\ wy \\ w \end{bmatrix} = \begin{bmatrix} m_{11} & m_{12} & m_{13} & m_{14} \\ m_{21} & m_{22} & m_{23} & m_{24} \\ m_{31} & m_{32} & m_{33} & m_{34} \end{bmatrix} \begin{bmatrix} X \\ Y \\ Z \\ 1 \end{bmatrix} \tag{3-1}$$

式中:(x,y) 为像点在像平面坐标系中的坐标,(X,Y,Z) 为物点在物方空间坐标系中的坐标,投影矩阵 M 的元素 $m_{ij}(i=1,2,3,j=1,2,3,4)$ 是传感器内外方位元素的函数,上式第一行表达正射投影方程,后面两行表达一维中心投影方程。

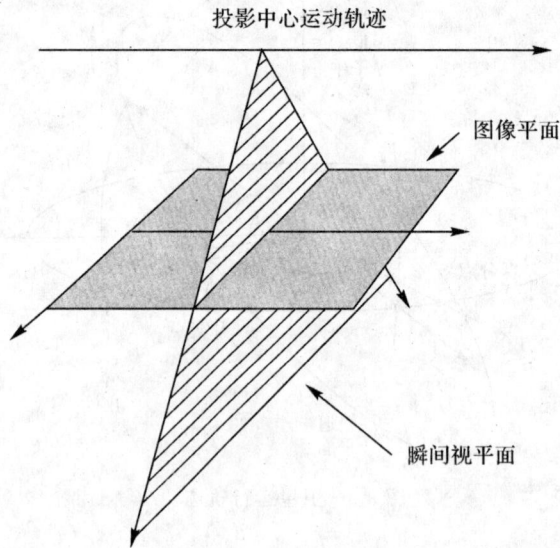

投影中心运动轨迹

图像平面

瞬间视平面

图 3-4　线性成像模型

3.3.2　模型解算

由于上述模型具有线性形式,因此可以采用直接线性变换(Direct Linear Transformation)方法求解模型。对于给定地面控制点,记其空间坐标为(X,Y,Z),记其成像点的像点坐标为(x,y),则依据线性成像模型可以列立如下方程组:

$$x=\begin{bmatrix} m_{11} & m_{12} & m_{13} & m_{14} \end{bmatrix}\begin{bmatrix} X & Y & Z & 1 \end{bmatrix}^T$$
$$wy=\begin{bmatrix} m_{21} & m_{22} & m_{23} & m_{24} \end{bmatrix}\begin{bmatrix} X & Y & Z & 1 \end{bmatrix}^T$$
$$w=\begin{bmatrix} m_{31} & m_{32} & m_{33} & m_{34} \end{bmatrix}\begin{bmatrix} X & Y & Z & 1 \end{bmatrix}^T$$

根据第二、三两式消去 w 后得到:

$$\begin{aligned} x=&\begin{bmatrix} m_{11} & m_{12} & m_{13} & m_{14} \end{bmatrix}\begin{bmatrix} X & Y & Z & 1 \end{bmatrix}^T \\ y&\begin{bmatrix} m_{31} & m_{32} & m_{33} & m_{34} \end{bmatrix}\begin{bmatrix} X & Y & Z & 1 \end{bmatrix}^T \\ =&\begin{bmatrix} m_{21} & m_{22} & m_{23} & m_{24} \end{bmatrix}\begin{bmatrix} X & Y & Z & 1 \end{bmatrix}^T \end{aligned} \tag{3-2}$$

第一式是关于成像模型矩阵第一行元素的方程,第二式是关于第二、三两行元素的方程,它们相互独立,可以分开求解。若已知 4 个控制点,依据第一式可以列立含 4 个方程的非齐次线性方程组,求解确定第一行元素,若已知更多控制点,则可求取最小二乘解。同样的,若已知 7 个控制点,依据第二式可以列立含 7 个方程的齐次线性方程组,求解确定第二、三行元素,若已知更多控制点,则可求取最小二乘解。

3.4　基于共线方程的传感器模型

线阵 CCD 传感器获取每行影像的过程仍然是中心投影过程,因此,可以在共线方程基础上建立线阵 CCD 传感器的成像模型。

3.4.1　共线方程

共线方程是中心投影的构象方程,反映摄影中心、像点和物点共线的特性,将像点坐标表达为相机空间方位元素和物点坐标的函数,具体表达形式如下:

$$\left. \begin{aligned} x=&-f\frac{a_1(X-X_S)+b_1(Y-Y_S)+c_1(Z-Z_S)}{a_3(X-X_S)+b_3(Y-Y_S)+c_3(Z-Z_S)} \\ y=&-f\frac{a_2(X-X_S)+b_2(Y-Y_S)+c_2(Z-Z_S)}{a_3(X-X_S)+b_3(Y-Y_S)+c_3(Z-Z_S)} \end{aligned} \right\} \tag{3-3}$$

其中,(x,y) 为像点在像平面坐标系中的坐标,f 为相机焦距,(X_S,Y_S,Z_S) 为摄影中心 S 在物方空间坐标系中的坐标,(X,Y,Z) 为物点在物方空间坐标系中的坐标,$a_i,b_i,c_i(i=1,2,3)$ 为依据像片空间方位元素角元素计算所得的像空间坐标系和像空间辅助坐标系之间的旋转矩阵元素。共线方程可以直接作为面阵 CCD 传感器的成像模型。

3.4.2　基于共线方程的传感器模型

与面阵 CCD 传感器不同,线阵 CCD 传感器采用推扫方式逐行获取影像,在每一成像时刻采用中心投影方式获取一扫描行影像,最后拼接得到一幅完整影像。由于不同扫描行影像是在不同时刻获取的,而传感器在不同时刻具有不同位置和姿态,线阵 CCD 传感器成像方式就是多中心投影,必须考虑传感器位置和姿态的变化。为此,我们记传感器在获取第 i 扫描行影像时刻的外方位元素为 $X_{Si},Y_{Si},Z_{Si},\varphi_i,\omega_i,\kappa_i$,将其代入(3-3)式就可得到第 i 扫描行影像的构象方程:

$$\left. \begin{aligned} x_i=&-f\frac{a_1(X-X_{Si})+b_1(Y-Y_{Si})+c_1(Z-Z_{Si})}{a_3(X-X_{Si})+b_3(Y-Y_{Si})+c_3(Z-Z_{Si})} \\ y_i=&-f\frac{a_2(X-X_{Si})+b_2(Y-Y_{Si})+c_2(Z-Z_{Si})}{a_3(X-X_{Si})+b_3(Y-Y_{Si})+c_3(Z-Z_{Si})} \end{aligned} \right\} \tag{3-4}$$

其中,(x_i,y_i) 为像素的像平面坐标,$a_i,b_i,c_i(i=1,2,3)$ 为利用 $\varphi_i,\omega_i,\kappa_i$ 计

算而得的旋转矩阵元素。进一步,选择 y 轴为扫描行方向,选择坐标原点使其落在第 i 扫描行上,为第 i 扫描行建立一个瞬间像平面坐标系,则该扫描行上的像素 x 坐标都为 0,此时,第 i 扫描行的构象方程如下:

$$0 = -f \frac{a_1(X-X_{Si})+b_1(Y-Y_{Si})+c_1(Z-Z_{Si})}{a_3(X-X_{Si})+b_3(Y-Y_{Si})+c_3(Z-Z_{Si})}$$
$$y_i = -f \frac{a_2(X-X_{Si})+b_2(Y-Y_{Si})+c_2(Z-Z_{Si})}{a_3(X-X_{Si})+b_3(Y-Y_{Si})+c_3(Z-Z_{Si})} \tag{3-5}$$

由于每一扫描行影像都有 6 个空间方位元素,一整幅影像的空间方位元素的数量就相当可观,而且它们之间存在很强的相关性,把它们全部作为自由参数进行求解通常是不可能的。另一方面,由于星载 CCD 传感器受外界阻力小,飞行轨道平稳,姿态变化率小,在一定范围内可以近似认为外方位元素随时间线性变化。由于获取相邻扫描行影像的时间间隔相等,因此可以将外方位元素表达为 x 坐标的线性函数,即

$$X_{Si} = X_{S0} + x \cdot \dot{X}_S$$
$$Y_{Si} = Y_{S0} + x \cdot \dot{Y}_S$$
$$Z_{Si} = Z_{S0} + x \cdot \dot{Z}_S$$
$$\varphi_i = \varphi_0 + x \cdot \dot{\varphi}$$
$$\omega_i = \omega_0 + x \cdot \dot{\omega}$$
$$\omega_i = \omega_0 + x \cdot \dot{\omega} \tag{3-6}$$

其中,$X_{S0},Y_{S0},Z_{S0},\varphi_0,\omega_0,\kappa_0$ 为中央扫描行的外方位元素,$\dot{X}_S,\dot{Y}_S,\dot{Z}_S,\dot{\varphi}_i,\dot{\omega}_i,\dot{\kappa}_i$ 为外方位元素的一阶变化率。这样,整幅影像的所有空间方位元素就由这 12 个参数决定,空间解算的任务就是确定这 12 个待定参数。

3.4.3 模型解算

3.4.3.1 解算原理

为求解线阵 CCD 传感器模型中的待定参数,可以将其看作未知数,利用若干控制点的物点坐标及其像点坐标依据传感器模型列立方程式,采用空间后方交会方法求解得到未知数。

仿照第 2 章介绍的空间后方交会,首先将旋转矩阵元素表达为空间方位元素角元素的函数并将(3-6)式代入(3-5)式,将传感器模型表达为 12 个待定参数的函数,然后在待定参数近似值处进行泰勒展开,取小值一次项,将(3-5)式线性化为:

$$
\left.
\begin{aligned}
0 =& (x) + \frac{\partial x}{\partial X_s}\mathrm{d}X_s + \frac{\partial x}{\partial Y_s}\mathrm{d}Y_s + \frac{\partial x}{\partial Z_s}\mathrm{d}Z_s + \frac{\partial x}{\partial \varphi}\mathrm{d}\varphi + \frac{\partial x}{\partial \omega}\mathrm{d}\omega \\
& + \frac{\partial x}{\partial \kappa}\mathrm{d}\kappa + x\frac{\partial x}{\partial X_s}\mathrm{d}\dot{X}_s + x\frac{\partial x}{\partial Y_s}\mathrm{d}\dot{Y}_s + x\frac{\partial x}{\partial Z_s}\mathrm{d}\dot{Z}_s \\
& + x\frac{\partial x}{\partial \varphi}\mathrm{d}\dot{\varphi} + x\frac{\partial x}{\partial \omega}\mathrm{d}\dot{\omega} + x\frac{\partial x}{\partial \kappa}\mathrm{d}\dot{\kappa} \\
y =& (y) + \frac{\partial y}{\partial X_s}\mathrm{d}X_s + \frac{\partial y}{\partial Y_s}\mathrm{d}Y_s + \frac{\partial y}{\partial Z_s}\mathrm{d}Z_s + \frac{\partial y}{\partial \varphi}\mathrm{d}\varphi + \frac{\partial y}{\partial \omega}\mathrm{d}\omega \\
& + \frac{\partial y}{\partial \kappa}\mathrm{d}\kappa + x\frac{\partial y}{\partial X_s}\mathrm{d}\dot{X}_s + x\frac{\partial y}{\partial Y_s}\mathrm{d}\dot{Y}_s + x\frac{\partial y}{\partial Z_s}\mathrm{d}\dot{Z}_s \\
& + x\frac{\partial y}{\partial \varphi}\mathrm{d}\dot{\varphi} + x\frac{\partial y}{\partial \omega}\mathrm{d}\dot{\omega} + x\frac{\partial y}{\partial \kappa}\mathrm{d}\dot{\kappa}
\end{aligned}
\right\} \tag{3-7}
$$

其中，(x)，(y)为函数的近似值，即利用未知数近似值计算得到的函数值。

记

$$\overline{X} = a_1(X - X_{S0}) + b_1(Y - Y_{S0}) + c_1(Z - Z_{S0})$$
$$\overline{Y} = a_2(X - X_{S0}) + b_2(Y - Y_{S0}) + c_2(Z - Z_{S0})$$
$$\overline{Z} = a_3(X - X_{S0}) + b_3(Y - Y_{S0}) + c_3(Z - Z_{S0})$$

在此基础上可以求出各个偏导数，这里直接给出结果如下：

$$a_{11} = \frac{\partial x}{\partial X_{S0}} = \frac{a_1 f}{\overline{Z}} \qquad\qquad a_{21} = \frac{\partial y}{\partial X_{S0}} = \frac{a_2 f + a_3 y}{\overline{Z}}$$

$$a_{12} = \frac{\partial x}{\partial Y_{S0}} = \frac{b_1 f}{\overline{Z}} \qquad\qquad a_{22} = \frac{\partial y}{\partial Y_{S0}} = \frac{b_2 f + b_3 y}{\overline{Z}}$$

$$a_{13} = \frac{\partial x}{\partial Z_{S0}} = \frac{c_1 f}{\overline{Z}} \qquad\qquad a_{23} = \frac{\partial y}{\partial Z_{S0}} = \frac{c_2 f + c_3 y}{\overline{Z}}$$

$$a_{14} = \frac{\partial x}{\partial \varphi_0} = y\sin\omega - f\cos\kappa\cos\omega \qquad a_{24} = \frac{\partial y}{\partial \varphi_0} = f\sin\kappa\cos\omega + \frac{y^2}{f}\sin\kappa\cos\omega$$

$$a_{15} = \frac{\partial x}{\partial \omega_0} = -f\sin\kappa \qquad\qquad a_{25} = \frac{\partial y}{\partial \omega_0} = -f\cos\kappa - \frac{y^2}{f}\cos\kappa$$

$$a_{16} = \frac{\partial x}{\partial \kappa_0} = y \qquad\qquad a_{26} = \frac{\partial Y}{\partial \kappa_0} = 0$$

依据上述条件式可以列立误差方程式：

$$
\left.
\begin{aligned}
V_x =& a_{11}\mathrm{d}X_{S0} + a_{12}\mathrm{d}Y_{S0} + a_{13}\mathrm{d}Z_{S0} + a_{14}\mathrm{d}\varphi_0 + a_{15}\mathrm{d}\omega_0 + a_{16}\mathrm{d}\kappa_0 \\
& + xa_{11}\mathrm{d}\dot{X}_s + xa_{12}\mathrm{d}\dot{Y}_s + xa_{13}\mathrm{d}\dot{Z}_s + xa_{14}\mathrm{d}\dot{\varphi} + xa_{15}\mathrm{d}\dot{\omega} \\
& + xa_{16}\mathrm{d}\dot{\kappa} - l_x \\
V_y =& a_{21}\mathrm{d}X_{S0} + a_{22}\mathrm{d}Y_{S0} + a_{23}\mathrm{d}Z_{S0} + a_{24}\mathrm{d}\varphi_0 + a_{25}\mathrm{d}\omega_0 + a_{26}\mathrm{d}\kappa_0 \\
& + xa_{21}\mathrm{d}\dot{X}_s + xa_{22}\mathrm{d}\dot{Y}_s + xa_{23}\mathrm{d}\dot{Z}_s + xa_{24}\mathrm{d}\dot{\varphi} + xa_{25}\mathrm{d}\dot{\omega} \\
& + xa_{26}\mathrm{d}\dot{\kappa} - l_y
\end{aligned}
\right\} \tag{3-8}
$$

其中，

$$l_x = \frac{f\overline{X}}{\overline{Z}} \left.\begin{array}{c} \\ \\ \end{array}\right\}$$

$$l_y = y + \frac{f\overline{Y}}{\overline{Z}}$$

(3-9)

引入矩阵符号

$$A = \begin{bmatrix} a_{11} & a_{12} & a_{13} & a_{14} & a_{15} & a_{16} & xa_{11} & xa_{12} & xa_{13} & xa_{14} & xa_{15} & xa_{16} \\ a_{21} & a_{22} & a_{23} & a_{24} & a_{25} & a_{26} & xa_{21} & xa_{22} & xa_{23} & xa_{24} & xa_{25} & xa_{26} \end{bmatrix}$$

$$X = \begin{bmatrix} dX_{S0} & dY_{S0} & dZ_{S0} & d\varphi_0 & d\omega_0 & d\kappa_0 & d\dot{X}_S & d\dot{Y}_S & d\dot{Z}_S & d\dot{\varphi} & d\dot{\omega} & d\dot{\kappa} \end{bmatrix}^T$$

$$V = \begin{bmatrix} V_x & V_y \end{bmatrix}^T$$

$$l = \begin{bmatrix} l_x & l_y \end{bmatrix}^T$$

则误差方程可以表示为

$$V = AX - l$$

(3-10)

若有 n 个控制点，则利用第 i 个控制点依据上式可以列立误差方程式：

$$V_i = A_i X - l_i$$

组合所有误差方程式可构成总误差方程式：

$$V = AX - L$$

(3-11)

其中，

$$V = \begin{bmatrix} V_1 & V_2 & \cdots & V_n \end{bmatrix}^T$$

$$A = \begin{bmatrix} A_1 & A_2 & \cdots & A_n \end{bmatrix}^T$$

$$L = \begin{bmatrix} l_1 & l_2 & \cdots & l_n \end{bmatrix}^T$$

根据最小二乘法间接平差原理，可列出法方程式：

$$A_T PAX = A^T PL$$

(3-12)

进一步，可以求取未知数向量：

$$X = (X^T PA)^{-1} A^T PL$$

(3-13)

其中，P 为观测值的权矩阵，反映观测值的量测精度。一般认为所有像点坐标具有相同的量测精度，即 P 为单位矩阵。求取未知数向量就获得待定参数近似值的改正数。

由于误差方程式中的各系数取自泰勒级数展开式的一次项，而待定参数的近似值往往是粗略的，因此必须通过逐渐趋近的方法逼近定向参数的精确值，即用近似值与改正数之和作为新的近似值，重复上述计算过程以求取新的改正数，如此反复迭代直至改正数小于规定的限差为止，最后求取待定参数：

$$X_{S0} = X_{S00} + dX_{S01} + dX_{S02} + \cdots \qquad \dot{X}_S = \dot{X}_{S0} + d\dot{X}_{S1} + d\dot{X}_{S2} + \cdots$$

$$Y_{S0} = Y_{S00} + dY_{S01} + dY_{S02} + \cdots \qquad \dot{Y}_S = \dot{Y}_{S0} + d\dot{Y}_{S1} + d\dot{Y}_{S2} + \cdots$$

$$Z_{S0} = Z_{S00} + dZ_{S01} + dZ_{S02} + \cdots \qquad \dot{Z}_S = \dot{Z}_{S0} + d\dot{Z}_{S1} + d\dot{Z}_{S2} + \cdots$$

$$\varphi_0 = \varphi_{00} + d\varphi_{01} + d\varphi_{02} + \cdots \qquad \dot{\varphi} = \dot{\varphi}_0 + d\dot{\varphi}_1 + d\dot{\varphi}_2 + \cdots$$

$$\omega_0 = \omega_{00} + d\omega_{01} + d\omega_{02} + \cdots \qquad \dot{\omega} = \dot{\omega}_0 + d\dot{\omega}_1 + d\dot{\omega}_2 + \cdots$$

$$\kappa_0 = \varphi_{00} + d\kappa_{01} + d\kappa_{02} + \cdots \qquad \dot{\kappa} = \dot{\kappa}_0 + d\dot{\kappa}_1 + d\dot{\kappa}_2 + \cdots$$

3.4.3.2　定向参数相关性的克服方法

由于卫星飞行高度很高,摄影视场角很小,上述 12 个定向参数之间存在很强的相关性,这样容易导致误差方程式系数矩阵列向量之间近似线性相关,影响求解质量。研究人员提出很多解决方案,代表性的方案有如下几种:

(1)增加虚拟误差方程组:利用卫星轨道星历或姿态参数列出附加的观测方程。这种方案可以提高定向参数的独立性,但同时加大了法方程的系数矩阵。

(2)合并相关项:将相关项合并。这种方案难以阐明合并项的几何意义。

(3)定向参数的线元素和角元素分开求解:首先按照框幅式中心投影构象方程计算定向参数的近似值,然后将线元素和角元素分成两组,固定一组求解另一组,反复迭代直至得到稳定解。这种方案收敛速度较快,但不够严密。

(4)岭估计:采用有偏估计的方法计算外方位元素,可在很大程度上克服定向参数之间的相关性。

3.5　基于仿射变换的传感器模型

由于各定向参数之间存在很强的相关性,如果采用基于共线方程的模型来描述传感器,势必影响定向的精度和稳定性。虽然分组迭代、合并相关项等方法能够处理相关性问题,但处理结果往往并不理想,在视场角很小时,定位精度较低,相关性问题表现得非常突出。但是,当传感器视场角很小时,可以近似认为摄影光束相互平行,从而可以将中心投影近似为等效的平行投影。近年来,许多学者利用这一思路,建立了一种新的传感器模型,即基于仿射变换的成像模型[24]。

3.5.1　平行投影成像几何

利用平行投影近似中心投影指沿着摄影机主光轴方向将场景平行投影到像平面上。参照中心投影构象关系示意图 2-10 可以看到,物点 A 在像空间辅助坐标系中的坐标为 $(X-X_S, Y-Y_S, Z-Z_S)$,其在像空间坐标系中的坐标为:

$$\begin{bmatrix} x \\ y \\ z \end{bmatrix} = \begin{bmatrix} a_1 & b_1 & c_1 \\ a_2 & b_2 & c_2 \\ a_3 & b_3 & c_3 \end{bmatrix} \begin{bmatrix} X-X_S \\ Y-Y_S \\ Z-Z_S \end{bmatrix} \qquad (3\text{-}14)$$

由于像空间坐标系的 z 轴即为摄影机主光轴方向,平行投影将像空间坐标系中坐标为 (x,y,z) 的点 A 投影成为像平面坐标系中坐标为 (x,y) 的点 a,因此平行投影构象方程为:

$$\begin{bmatrix} x \\ y \end{bmatrix} = \frac{1}{\lambda} \begin{bmatrix} a_1 & b_1 & c_1 \\ a_2 & b_2 & c_2 \end{bmatrix} \begin{bmatrix} X-X_S \\ Y-Y_S \\ Z-Z_S \end{bmatrix} \tag{3-15}$$

其中,比例系数反映景物实际大小与其构象大小的缩放关系。

3.5.2 基于平行投影的传感器模型

由于线阵列 CCD 传感器采用推扫方式获取影像,因此必须考虑传感器在获取影像过程中的运动。记传感器在获取第 i 扫描行影像时的外方位元素为 X_{Si}, $Y_{Si}, Z_{Si}, \varphi_i, \omega_i, \kappa_i$,选择 y 轴为扫描行方向,选择坐标原点使其落在第 i 扫描行上,为第 i 扫描行建立一个瞬间像平面坐标系,则该扫描行影像像素的 x 坐标都为 0,其构象方程为:

$$\left. \begin{aligned} 0 &= \frac{1}{\lambda} \left[a_1 (X-X_{Si}) + b_1 (Y-Y_{Si}) + c_1 (Z-Z_{Si}) \right] \\ y &= \frac{1}{\lambda} \left[a_2 (X-X_{Si}) + b_2 (Y-Y_{Si}) + c_2 (Z-Z_{Si}) \right] \end{aligned} \right\} \tag{3-16}$$

其中,旋转矩阵的元素可以利用 $\varphi_i, \omega_i, \kappa_i$ 计算而得。进一步假设传感器的运动是线性的,姿态保持恒定,传感器位置是行数 i 的线性函数:

$$\left. \begin{aligned} X_{Si} &= X_{S0} + i \cdot \Delta X \\ Y_{Si} &= Y_{S0} + i \cdot \Delta Y \\ Z_{Si} &= Z_{S0} + i \cdot \Delta Z \end{aligned} \right\} \tag{3-17}$$

其中,X_{S0}, Y_{S0}, Z_{S0} 表示传感器在获取中央扫描行影像时的空间位置,ΔX, $\Delta Y, \Delta Z$ 表示传感器在获取相邻扫描行影像时的运动量,将其代入构象方程(3-16)的第一式,可以得到:

$$i = \frac{a_1 (X-X_{S0}) + b_1 (Y-Y_{S0}) + c_1 (Z-ZS_0)}{a_1 \Delta X + b_1 \Delta Y + c_1 \Delta Z} \tag{3-18}$$

考虑到影像行数与图像像素 x 坐标的一致性,可以将传感器模型表达为:

$$\left. \begin{aligned} x &= A_1 X + A_2 Y + A_3 Z + A_4 \\ y &= A_5 X + A_6 Y + A_7 Z + A_8 \end{aligned} \right\} \tag{3-19}$$

上式表明传感器模型是一个从三维空间到二维平面的仿射变换。仿射变换的系数与传感器空间方位元素之间存在如下关系:

$$A_1 = \frac{a_1}{a_1 \Delta X + b_1 \Delta Y + c_1 \Delta Z}$$

$$A_2 = \frac{b_1}{a_1 \Delta X + b_1 \Delta Y + c_1 \Delta Z}$$

$$A_3 = \frac{c_1}{a_1 \Delta X + b_1 \Delta Y + c_1 \Delta Z}$$

$$A_4 = -\frac{a_1 X_{S0} + b_1 Y_{S0} + c_1 Z_{S0}}{a_1 \Delta X + b_1 \Delta Y + c_1 \Delta Z}$$

$$A_5 = (a_2 - a_1 \frac{a_2 \Delta X + b_2 \Delta Y + c_2 \Delta Z}{a_1 \Delta X + b_1 \Delta Y + c_1 \Delta Z}) / \lambda$$

$$A_6 = (b_2 - b_1 \frac{a_2 \Delta X + b_2 \Delta Y + c_2 \Delta Z}{a_1 \Delta X + b_1 \Delta Y + c_1 \Delta Z}) / \lambda$$

$$A_7 = (c_2 - c_1 \frac{a_2 \Delta X + b_2 \Delta Y + c_2 \Delta Z}{a_1 \Delta X + b_1 \Delta Y + c_1 \Delta Z}) / \lambda$$

$$A_8 = [(a_1 X_{S0} + b_1 Y_{S0} + c_1 Z_{S0}) \frac{a_2 \Delta X + b_2 \Delta Y + c_2 \Delta Z}{a_1 \Delta X + b_1 \Delta Y + c_1 \Delta Z} - (a_2 X_{S0} + b_2 Y_{S0} + c_2 Z_{S0})] / \lambda$$

3.5.3　中心投影与平行投影的转换

中心投影和平行投影是两种不同的投影方式,同一物点在不同投影方式下的成像于不同的像点,利用平行投影近似中心投影势必带来投影误差,必须对此加以校正。我们以线阵 CCD 传感器获取的一扫描行影像为例,说明中心投影到平行投影的转换过程。

在中心投影方式成像中,最终图像往往是将真实场景按一定比例尺缩小后生成所得。但是,在平行投影中,最终图像通常保持真实场景的大小。为此,首先将真实场景缩小 $m = \dfrac{\bar{Z}}{f}$ 倍(其中 $f, \bar{Z}$ 分别为传感器焦距和地面平均高度),然后将缩小的场景平行投影到成像平面上,使得中心投影图像和平行投影图像具有相同尺寸。在此基础上,再建立两种投影变换的转换关系。

图 3-5 表示地形平坦情况下中心投影和平行投影的差异,S 为投影中心,P 为物点,CCD 传感器绕飞行方向的侧视角为 ω,O 为投影影像线的像主点,即投影影像线与缩小的地面模型的交点,传感器焦距为 f,连线 SP 与影像线相交于点 p,p 即 P 的中心投影成像点,过 P 作影像线的垂线,垂足为 p_a,p_a 即 P 的平行投影成像点。以 O 为坐标原点建立坐标系,记 p 和 p_a 的坐标为 y 和 y_a,则根据 ΔOPp_a 的三角关系有:

$$Pp_a = Op_a \tan\omega = y_a \tan\omega$$

根据 $\Delta Pp_a p$ 的三角关系有:

$$pp_a = Pp_a \tan\alpha = y_a \tan\omega \tan\alpha$$

因此有:

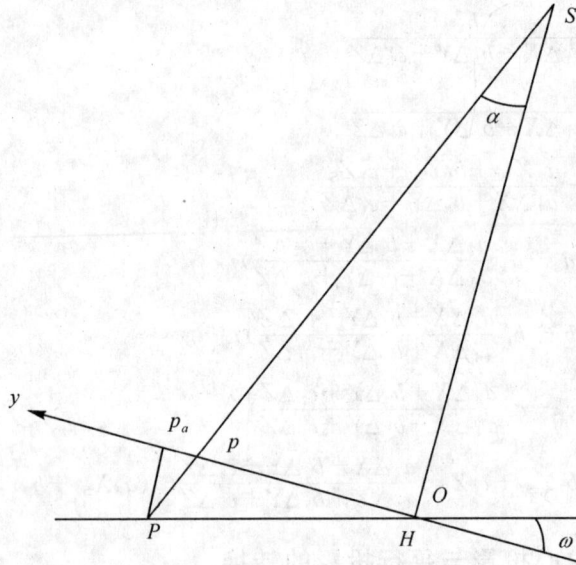

图 3-5　中心投影和平行投影的差异

$$y = Op = Op_a - pp_a = y_a - y_a \tan\omega \tan\alpha = y_a(1 - \tan\omega \tan\alpha)$$

以及

$$y_a = y/(1 - \tan\omega \tan\alpha)$$

由于 $\tan\alpha = y/f$，上式可以写为

$$y_a = y/(1 - y\tan\omega/f) \tag{3-20}$$

地形通常是有起伏的，图 3-6 表示地形有起伏的情况，由地形起伏引起的误差为 $p_a p'_a$，记为 Δy，则容易得到

$$\Delta y = \frac{\Delta Z}{m}(\tan(\omega + \alpha) - \tan\omega)\cos\omega \tag{3-21}$$

综合上述两步可以得到：

$$y'_a = y_a + \Delta y = \frac{f + \dfrac{\Delta Z}{m\cos\omega}}{f - y\tan\omega} y \tag{3-22}$$

实际上，这两步可以统一在一步内完成。根据图 3-6 中 ΔSOp 和 $\Delta P' p'_a p$ 的相似关系可以得到

$$\frac{p'_a p}{Op} = \frac{p'_a P'}{SO}$$

根据图中三角形关系，上式即为：

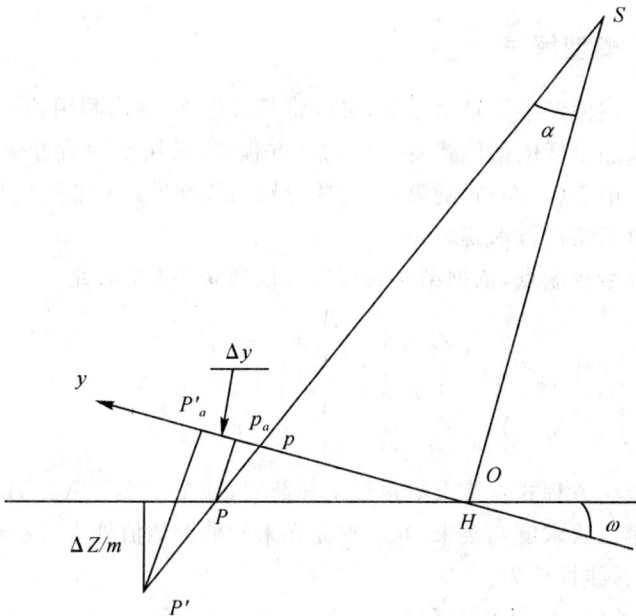

图 3-6　地形起伏引起的投影差异

$$\frac{y'_a - y}{y} = \frac{\frac{\Delta Z}{m\cos\omega} + y'_a\tan\omega}{f}$$

整理上式,可以得到:

$$y'_a = \frac{f + \frac{\Delta Z}{m\cos\omega}}{f - y\tan\omega}y \tag{3-23}$$

由于 x 方向与飞行方向平行,该方向上是严格的平行投影,于是有:

$$x'_a = x \tag{3-24}$$

将上述两式代入基于平行投影的传感器模型(3-19)式,即可得到基于平行投影的严密模型:

$$x = A_1 X + A_2 Y + A_3 Z + A_4 \frac{f + \frac{\Delta Z}{m\cos\omega}}{f - y\tan\omega}y \tag{3-25}$$

$$= A_5 X + A_6 Y + A_7 Z + A_8$$

式中: $\Delta Z = \bar{Z} - Z$, $\bar{Z}$ 为地面的平均高度。这个模型包括 9 个自由参数, A_i, $I = 1,\cdots,8$ 为仿射变换系数, ω 为侧视角。

3.5.4 模型解算

为求解上述模型中的自由参数,可以将其看作未知数,利用若干控制点的物点坐标及其像点坐标依据传感器模型列立方程式,采用空间后方交会方法求解得到未知数。由于(3-25)式的第一、二式分别为线性形式和非线性形式,应该采取不同的求解策略进行求解。

假设有 n 个控制点,依据第一式可以直接列立误差方程组:

$$\begin{bmatrix} V_1 \\ \vdots \\ V_n \end{bmatrix} = \begin{bmatrix} X_1 & Y_1 & Z_1 & 1 \\ \vdots & \vdots & \vdots & \vdots \\ X_n & Y_n & Z_n & 1 \end{bmatrix} \begin{bmatrix} A_1 \\ A_2 \\ A_3 \\ A_4 \end{bmatrix} - \begin{bmatrix} x_1 \\ \vdots \\ x_n \end{bmatrix} \tag{3-26}$$

然后组成法方程式直接求解得到未知数向量 $[A_1 \quad A_2 \quad A_3 \quad A_4]^T$。

为利用第二式求解剩余未知数,首先在未知数近似值处进行泰勒展开,取小值一次项,将其线性化为:

$$0 = X\mathrm{d}A_5 + Y\mathrm{d}A_6 + Z\mathrm{d}A_7 + \mathrm{d}A_8$$

$$+ y\left[\frac{\Delta Z\sin\omega}{m(f - y\tan\omega)\cos^2\omega} - \frac{y(f + \Delta Z/(m\cos\omega))}{(f - y\tan\omega)^2\cos^2\omega}\right]\mathrm{d}\omega - y\frac{f - \dfrac{\Delta Z}{m\cos\omega}}{f - y\tan\omega} \tag{3-27}$$

其相应的误差方程式为:

$$V_y = X\mathrm{d}A_5 + Y\mathrm{d}A_6 + Z\mathrm{d}A_7 + \mathrm{d}A_8$$

$$+ y\left[\frac{\Delta Z\sin\omega}{m(f - y\tan\omega)\cos^2\omega} - \frac{y(f + \Delta Z/(m\cos\omega))}{(f - y\tan\omega)^2\cos^2\omega}\right]\mathrm{d}\omega - l_y \tag{3-28}$$

然后根据 n 个控制点列立误差方程式,组成法方程式求解未知数的改正数,将改正后的未知数作为新一轮的近似值,反复迭代直至改正数小于给定限差为止。

3.6 小 结

本章首先介绍 CCD 传感器成像机理,然后针对线阵 CCD 传感器介绍了线性模型、基于共线方程的模型和基于仿射变换的模型三种成像模型。三种模型是在不同假设条件下构造而得到的,线性模型假设传感器匀速运动并保持姿态恒定,基于共线方程的模型假设传感器的空间位置和姿态随时间线性变化,基于仿射变换的模型以平行投影近似中心投影。

第4章　通用传感器模型

传感器成像模型反映地面点在物方空间坐标系中的三维坐标与相应像点在像平面坐标系中的二维坐标之间的数学关系,是高分辨率卫星影像几何处理的基础和关键。在传统摄影测量领域,普遍采用物理传感器模型,即根据传感器几何与物理特性建立起来的模型。然而,随着遥感技术的发展,物理传感器模型在多个方面表现出较强的局限性。首先,由于物理传感器模型与传感器物理和几何特性紧密相关,需要针对不同类型的传感器建立不同的传感器模型。随着传感器技术的迅猛发展,出现了许多新型传感器,譬如,美国成像公司 IKONOS 卫星的传感器可以按照需要绕其轴进行任意角度的旋转,以获取感兴趣区域的图像。为每一种新的传感器建立特定的传感器模型无疑会增加摄影测量软件的开发和维护难度。其次,物理传感器模型涉及传感器的物理构造、成像方式以及各种参数,但出于技术保密,一些高分辨率遥感卫星的成像信息是不公开的,从而阻碍了物理传感器模型的应用。此外,对于特定类型的传感器,物理传感器模型并不能有效发挥其优势。譬如,目前高分辨 CCD 传感器所具有的长焦距和窄视场角特性将会导致定向参数之间具有很强的相关性,从而影响定向精度和稳定性,削弱物理传感器模型的优势。与物理传感器模型不同,通用传感器模型直接描述成像模型,即物点和像点的数学关系,与传感器的特定物理、几何特性无关,能够适应传感器成像方式多样化的发展趋势。由于通用传感器模型所具有的优势,它吸引了很多学者的研究兴趣,已经成为摄影测量与遥感领域的一个重要研究方向。本章介绍几种通用传感器模型。

4.1　基于多项式的传感器模型

4.1.1　多项式模型

这种模型回避成像的几何过程,直接对影像变形进行数学建模,将遥感影像变形看作平移、旋转、缩放、偏扭、弯曲等基本变形的综合作用,将变形前后对应点之间的映射关系描述为多项式函数,基于二维多项式的模型为:

$$
\left.
\begin{aligned}
x &= \sum_{i=0}^{m} \sum_{j=0}^{n} a_{ij} X^i Y^j \\
y &= \sum_{i=0}^{m} \sum_{j=0}^{n} b_{ij} X^i Y^j
\end{aligned}
\right\}
\tag{4-1}
$$

式中：x,y 是像点在像平面坐标系中的坐标，X,Y 是物点在物方空间坐标系中的坐标。

高次多项式不但不能提高精度反而会引起参数相关，降低模型定向精度，因此多项式次数通常不大于 3。这一模型适用于垂直下视影像、小覆盖范围影像或平坦地区影像等变形很小的影像。当地形起伏较大时，必须在多项式中引入 Z 坐标，建立基于三维多项式的模型：

$$
\left.
\begin{aligned}
x &= \sum_{i=0}^{m} \sum_{j=0}^{n} \sum_{k=0}^{p} a_{ijk} X^i Y^j Z^k \\
y &= \sum_{i=0}^{m} \sum_{j=0}^{n} \sum_{k=0}^{p} b_{ijk} X^i Y^j Z^k
\end{aligned}
\right\}
\tag{4-2}
$$

4.1.2　模型解算

模型中的多项式系数是待定参数，对于已知的地面控制点及其像点，可以依据上述模型列立关于待定参数的条件式，而且所列条件式是关于待定参的线性函数，因此可以直接列立误差方程式，然后组成法方程组求取待定参数。实际上上述做法相当于以控制点为数据点采用拟合方法确定多项式模型。一旦解算得到多项式系数，确定了模型，就可以该模型为基础采用前方交会方法重建立体模型。一般而言，重建模型在控制点处具有较高精度，但内插点精度往往较低，与相邻控制点不协调，从而产生振荡现象，这是多项式模型的一个缺点。当然，多项式模型具有简洁明了、计算简单的优点。

4.2　基于直接线性变换的传感器模型

4.2.1　直接线性变换模型

根据中心投影成像几何有：

$$
\begin{bmatrix} x \\ y \\ -f \end{bmatrix} = \frac{1}{\lambda} R^T \begin{bmatrix} X - X_s \\ Y - Y_s \\ Z - Z_s \end{bmatrix}
$$

式中：矩阵 $\dfrac{1}{\lambda} R^T$ 可以看作坐标 $(X - X_s, Y - Y_s, Z - Z_s)$ 到坐标 $(x, y, -f)$ 的变换矩阵。

我们知道,旋转矩阵元素是三个外方位角元素的函数,仅有三个自由参数。如果忽略矩阵元素与外方位角元素的函数依赖关系,将变换矩阵各元素看作独立参数,则上式可以看作从物点坐标到像点坐标的线性变换。用上式第三式除以第一、二式可得共线方程:

$$
\left.
\begin{aligned}
x &= -f\,\frac{a_1(X-X_S)+b_1(Y-Y_S)+c_1(Z-Z_S)}{a_3(X-X_S)+b_3(Y-Y_S)+c_3(Z-Z_S)} \\
y &= -f\,\frac{a_2(X-X_S)+b_2(Y-Y_S)+c_2(Z-Z_S)}{a_3(X-X_S)+b_3(Y-Y_S)+c_3(Z-Z_S)}
\end{aligned}
\right\}
\tag{4-3}
$$

1. 直接线性变换模型基本表达式

进一步整理可以将共线方程写为:

$$
\left.
\begin{aligned}
x &= \frac{L_1 X+L_2 Y+L_3 Z+L_4}{L_9 X+L_{10} Y+L_{11} Z+1} \\
y &= \frac{L_5 X+L_6 Y+L_7 Z+L_8}{L_9 X+L_{10} Y+L_{11} Z+1}
\end{aligned}
\right\}
\tag{4-4}
$$

式中:$L_i, i=1,\cdots,11$ 是 $f, a_i, b_i, c_i, X_S, Y_S, Z_S$ 的函数,同样道理,可以将 $L_i, i=1,\cdots,11$ 看作独立参数,这就是直接线性变换(Direct Linear Transformation)模型的基本表达形式。在此基础上,人们提出了扩展的直接线性变换模型和自检校直接线性变换模型。

2. 扩展的直接线性变换模型

日本京都大学 Okamoto 等针对航天 CCD 传感器的投影性质,对基本模型进行改化,提出如下扩展的直接线性变换模型[25]:

$$
\left.
\begin{aligned}
x &= \frac{L_1 X+L_2 Y+L_3 Z+L_4}{L_9 X+L_{10} Y+L_{11} Z+1}+L_{12} x^2 \\
y &= \frac{L_5 X+L_6 Y+L_7 Z+L_8}{L_9 X+L_{10} Y+L_{11} Z+1}+L_{13} xy
\end{aligned}
\right\}
\tag{4-5}
$$

3. 自检校直接线性变换模型

ERDAS 公司 Yongnian Wang 以 CCD 扫描影像的严格几何模型为基础,提出如下自检校直接线性变换模型[35]:

$$
\left.
\begin{aligned}
x &= \frac{L_1 X+L_2 Y+L_3 Z+L_4}{L_9 X+L_{10} Y+L_{11} Z+1} \\
y &= \frac{L_5 X+L_6 Y+L_7 Z+L_8}{L_9 X+L_{10} Y+L_{11} Z+1}+L_{12} xy
\end{aligned}
\right\}
\tag{4-6}
$$

作者在文献[25][35]中分别给出了上述两个模型的详细推导过程,有兴趣的读者可以参见该文献。

4.2.2　模型解算

基于直接线性变换的传感器模型中含有 11,12 或 13 个变换参数,通常依据上述模型构造条件式,然后依据条件式列立误差方程式,组成法方程组求解待定参数。譬如,依据基本模型(4-4)式可以列立如下条件式:

$$\left.\begin{aligned}0 &= L_1 X + L_2 Y + L_3 Z + L_4 - x(L_9 X + L_{10} Y + L_{11} Z + 1)\\0 &= L_5 X + L_6 Y + L_7 Z + L_8 - y(L_9 X + L_{10} Y + L_{11} Z + 1)\end{aligned}\right\} \tag{4-7}$$

以及误差方程式:

$$\left.\begin{aligned}V_x &= XL_1 + YL_2 + ZL_3 + L_4 - xXL_9 + xYL_{10} + xZL_{11} - x\\V_y &= XL_5 + YL_6 + ZL_7 + L_8 - yXL_9 - yYL_{10} - yZL_{11} - y\end{aligned}\right\} \tag{4-8}$$

引入矩阵记号:

$$V = \begin{bmatrix} V_x & V_y \end{bmatrix}^T$$

$$l = \begin{bmatrix} x & y \end{bmatrix}^T$$

$$A = \begin{bmatrix} X & Y & Z & 1 & 0 & 0 & 0 & 0 & -xX & -xY & -xZ \\ 0 & 0 & 0 & 0 & X & Y & Z & 1 & -yX & -yY & -yZ \end{bmatrix}$$

$$X = \begin{bmatrix} L_1 & L_2 & L_3 & L_4 & L_5 & L_6 & L_7 & L_8 & L_9 & L_{10} & L_{11} \end{bmatrix}^T$$

将误差方程表示为:

$$V = AX - l \tag{4-9}$$

利用第 i 个控制点列立误差方程式:

$$V_i = A_i X - l_i \tag{4-10}$$

组合依据所有控制点列立的误差方程式得到总误差方程式:

$$V = AX - L \tag{4-11}$$

其中,

$$V = \begin{bmatrix} V_1 & V_2 & \cdots & V_n \end{bmatrix}^T$$

$$A = \begin{bmatrix} A_1 & A_2 & \cdots & A_n \end{bmatrix}^T$$

$$L = \begin{bmatrix} l_1 & l_2 & \cdots & l_n \end{bmatrix}^T$$

进一步列出法方程式:

$$A^T P A X = A^T P L \tag{4-12}$$

最后,求取未知数向量:

$$X = (A^T P A)^{-1} A^T P L \tag{4-13}$$

式中:P 为观测值的权矩阵,反映观测值的量测精度,通常为单位矩阵。由于条件式是待定参数的线性表达式,求解所得未知数向量就是待定参数的最小二乘解,无需迭代改善。

类似的,可以确定扩展直接线性变换模型和自检校直接线性变换模型中的待定参数。依据每个控制点可以列立 2 个条件式，至少需要 6 个或 7 个控制点才可以确定上述模型的待定参数。

4.3　基于有理函数的传感器模型

利用多项式逼近传感器模型可能导致逼近误差上界远远超过逼近误差平均值，导致基于多项式的传感器模型产生振荡现象，这是很不利的现象。有理函数模型(Rational Function Model)利用有理函数来描述传感器模型，将像点坐标和物点坐标的关系描述为两个多项式的比值。首先，有理函数模型能够使得逼近误差在控制点之间均匀分布，能够保持拟合区间外拟合区间附近处的不连续现象，从而更好地描述传感器模型。其次，多项式比值与共线方程的形式比较接近，从而使得通过增加控制点信息以提高拟合精度成为可能。此外，多项式计算简单，从而为高效、实时计算奠定基础。当然，有理函数模型与具体传感器模型无关，具有很强的通用性，从而为传感器信息保护提供可能。因此，有理函数模型吸引了学术界和产业界的极大兴趣。许多研究机构和学者针对有理函数模型的定位精度、稳定性等问题开展了深入广泛的研究工作。许多商业公司将物理传感器模型保密起来，而仅将基于有理函数的传感器模型提供给用户，以此达到技术保密的目的[30]。

4.3.1　基本方程

有理函数模型将像点坐标 (r, c)（以像素为单位，即像素的行列号）描述为物点坐标 (X, Y, Z) 的有理函数。

首先，为降低计算过程中引入的误差，提高方程稳定性，将像点坐标 (r, c) 和物点坐标 (X, Y, Z) 归一化为取值于区间 $(-1.0, 1.0)$ 的归一化坐标 (r_n, c_n) 和 (X_n, Y_n, Z_n)，归一化计算公式如下：

$$r_n = \frac{r - r_0}{r_s}$$

$$c_n = \frac{c - c_0}{c_s}$$

$$X_n = \frac{X - X_0}{X_s}$$

$$Y_n = \frac{Y - Y_0}{Y_s}$$

$$Z_n = \frac{Z - Z_0}{Z_s}$$

式中：r_0，c_0 分别为像点坐标的偏移量，r_s，c_s 分别为像点坐标的缩放系数，X_0，Y_0，Z_0 分别为物点坐标三个分量的偏移量，X_s，Y_s，Z_s 分别为物点坐标三个分量的缩放系数。

然后，像点坐标描述为物点坐标的有理函数，即如下多项式比值：

$$r_n = \frac{p_1(X_n, Y_n, Z_n)}{p_2(X_n, Y_n, Z_n)}$$

$$c_n = \frac{p_3(X_n, Y_n, Z_n)}{p_4(X_n, Y_n, Z_n)} \tag{4-14}$$

其中，每个多项式都具有如下形式：

$$p = \sum_{i=0}^{m_1} \sum_{j=0}^{m_2} \sum_{k=0}^{m_3} a_{ijk} X^i Y^j Z^k \tag{4-15}$$

而且，每一项中各坐标分量的幂不超过 3，各坐标分量之幂的总和也不超过 3，共有 20 种可能组合，可以将多项式写为如下形式：

$$
\begin{aligned}
p = {} & a_0 + a_1 Z + a_2 Y + a_3 X + a_4 ZY + a_5 ZX + a_6 YX + a_7 Z^2 \\
& + a_8 Y^2 + a_9 X^2 + a_{10} ZYX + a_{11} Z^2 Y + a_{12} Z^2 X + a_{13} Y^2 Z \\
& + a_{14} Y^2 X + a_{15} ZX^2 + a_{16} YX^2 + a_{17} Z^3 + a_{18} Y^3 + a_{19} X^3
\end{aligned} \tag{4-16}
$$

如果引入向量记号，则可以将有理函数模型表达为：

$$
\begin{aligned}
r &= \frac{\begin{bmatrix} 1 & Z & Y & X & \cdots & X^3 \end{bmatrix} \cdot \begin{bmatrix} a_0 & a_1 & a_2 & a_3 & \cdots & a_{19} \end{bmatrix}^T}{\begin{bmatrix} 1 & Z & Y & X & \cdots & X^3 \end{bmatrix} \cdot \begin{bmatrix} 1 & b_1 & b_2 & b_3 & \cdots & b_{19} \end{bmatrix}^T} \\
c &= \frac{\begin{bmatrix} 1 & Z & Y & X & \cdots & X^3 \end{bmatrix} \cdot \begin{bmatrix} c_0 & c_1 & c_2 & c_3 & \cdots & c_{19} \end{bmatrix}^T}{\begin{bmatrix} 1 & Z & Y & X & \cdots & X^3 \end{bmatrix} \cdot \begin{bmatrix} 1 & d_1 & d_2 & d_3 & \cdots & d_{19} \end{bmatrix}^T}
\end{aligned} \tag{4-17}
$$

式中各项的排列顺序并非关键，不同文献按照不同顺序排列各项，多项式系数称为有理函数系数（Rational Function Coefficients）。模型的一次项用于描述由光学投影引起的变形，二次项用于描述由地球曲率、大气折射及镜头畸变引起的变形，三次项用于描述传感器振动以及其他由未知因素所造成的变形。许多卫星资料供应商把有理函数模型作为影像传递的标准，譬如，IKONOS 影像供应商首先解算出严格传感器模型，然后利用严格模型反求出有理函数模型的有理函数系数 RFC，并将 RFC 作为影像元数据的一部分供应给用户，用户可以在不知道精确传感器模型的情况下进行影像校正及后续处理。

4.3.2　模型解算

根据（4-17）式，可以得到如下条件式

$$0 = \frac{\begin{bmatrix} 1 & Z & \cdots & X^3 \end{bmatrix} \begin{bmatrix} a_0 & a_1 & \cdots & a_{19} \end{bmatrix}^T - r \begin{bmatrix} 1 & Z & \cdots & X^3 \end{bmatrix} \begin{bmatrix} 1 & b_1 & \cdots & b_{19} \end{bmatrix}^T}{\begin{bmatrix} 1 & Z & \cdots & X^3 \end{bmatrix} \begin{bmatrix} 1 & b_1 & \cdots & b_{19} \end{bmatrix}^T}$$

$$0=\frac{[1\ \ Z\ \ \cdots\ \ X^3][c_0\ \ c_1\ \ \cdots\ \ c_{19}]^T-c[1\ \ Z\ \ \cdots\ \ X^3][1\ \ d_1\ \ \cdots\ \ d_{19}]^T}{[1\ \ Z\ \ \cdots\ \ X^3][1\ \ d_1\ \ \cdots\ \ d_{19}]^T}$$

$$(4\text{-}18)$$

引入记号：

$$M_r=[1\ \ \cdots\ \ X^3\ \ -rZ\ \ \cdots\ \ -rX^3]$$

$$M_c=[1\ \ \cdots\ \ X^3\ \ -cZ\ \ \cdots\ \ -cX^3]$$

$$B=[1\ \ Z\ \ \cdots\ \ X^3][1\ \ b_1\ \ \cdots\ \ b_{19}]^T$$

$$D=[1\ \ Z\ \ \cdots\ \ X^3][1\ \ d_1\ \ \cdots\ \ d_{19}]^T$$

$$J=[a_0\ \ \cdots\ \ a_{19}\ \ b_1\ \ \cdots\ \ b_{19}]^T$$

$$K=[c_0\ \ \cdots\ \ c_{19}\ \ d_1\ \ \cdots\ \ d_{19}]^T$$

可以列立如下误差方程式：

$$\left.\begin{aligned}V_r&=\frac{1}{B}M_rJ-\frac{1}{B}r\\V_c&=\frac{1}{D}M_cK-\frac{1}{D}c\end{aligned}\right\}$$

$$(4\text{-}19)$$

利用第 i 个控制点可以列立关于坐标 r 的误差方程式：

$$V_{ri}=\frac{1}{B_i}M_{ri}J-\frac{1}{B_i}r_i$$

组合依据所有控制点列立的误差方程式得到总误差方程式：

$$V_r=W_rM_rJ-W_rR \qquad\qquad (4\text{-}20)$$

其中，

$$V_r=[V_{r1}\ \ \ V_{r2}\ \ \ \cdots\ \ \ V_{rn}]^T$$

$$W_r=\begin{bmatrix}\dfrac{1}{B_1}&0&\cdots&0\\[2mm]0&\dfrac{1}{B_2}&\cdots&0\\[2mm]\vdots&\vdots&\ddots&\vdots\\[2mm]0&0&\cdots&\dfrac{1}{B_n}\end{bmatrix}$$

$$M_r=[M_{r1}\ \ \ M_{r2}\ \ \ \cdots\ \ \ M_{rn}]^T$$

$$R=[r_1\ \ \ r_2\ \ \ \cdots\ \ \ r_n]^T$$

类似的，利用第 i 个控制点可以列立关于坐标 c 的误差方程式：

$$V_{ci}=\frac{1}{D_i}M_{ci}K-\frac{1}{D_i}c_i$$

组合依据所有控制点列立的误差方程式得到总误差方程式：

$$V_c=W_cM_cK-W_cC \qquad\qquad (4\text{-}21)$$

其中，

$$V_c = \begin{bmatrix} V_{c1} & V_{c2} & \cdots & V_{cn} \end{bmatrix}^T$$

$$W_c = \begin{bmatrix} \dfrac{1}{D_1} & 0 & \cdots & 0 \\ 0 & \dfrac{1}{D_2} & \cdots & 0 \\ \vdots & \vdots & \ddots & \vdots \\ 0 & 0 & \cdots & \dfrac{1}{D_n} \end{bmatrix}$$

$$M_c = \begin{bmatrix} M_{c1} & M_{c2} & \cdots & M_{cn} \end{bmatrix}^T$$

$$C = \begin{bmatrix} c_1 & c_2 & \cdots & c_n \end{bmatrix}^T$$

组合上述两组方程可以得到如下方程组

$$V = WMI - WG \qquad\qquad (4\text{-}22)$$

其中，

$$V = \begin{bmatrix} V_r \\ V_c \end{bmatrix} \quad I = \begin{bmatrix} J \\ K \end{bmatrix} \quad G = \begin{bmatrix} R \\ C \end{bmatrix}$$

$$W = \begin{bmatrix} W_r & 0 \\ 0 & W_c \end{bmatrix} \quad M = \begin{bmatrix} M_r & 0 \\ 0 & M_c \end{bmatrix}$$

式中：W_r，W_c，W 可以看作误差方程式的权矩阵，因此可以列立如下法方程式：

$$M^T W^2 MI = M^T W^2 G \qquad\qquad (4\text{-}23)$$

模型的求解有直接解法和迭代解法两种方式。直接解法将权矩阵视为单位矩阵，然后求取未知数向量（即有理函数系数）的直接解

$$I = (M^T M)^{-1} M^T G \qquad\qquad (4\text{-}24)$$

求取有理函数系数的直接解后，可以计算权矩阵 W_r，W_c，W，进而计算新的有理函数系数

$$I = (M^T W^2 M)^{-1} M^T W^2 G \qquad\qquad (4\text{-}25)$$

然后，重复上述过程直至前后两次有理函数系数之差的绝对值小于给定的限差为止。这就是模型求解的迭代解法。理论上，迭代解法更加严谨，它考虑了权矩阵的变化，即考虑了有理函数模型中分母的影响。

4.3.3　法方程正则化

利用上述方法解算模型时，如果控制点分布不均匀，W_r 中的 B_i 和 W_c 中的 D_i 变化就可能比较大，设计矩阵 M 容易变成病态矩阵，法方程组系数矩阵 $M^T W^2 M$ 容易变成奇异矩阵，此时，迭代求解往往不能收敛。通常采用正则化技

术处理这个问题,即在法方程组系数矩阵 $M^T W^2 M$ 基础上增加一个单位矩阵与微小量的乘积 $h^2 E$,将方程(4-23)转化为:

$$(M^T W^2 M + h^2 E)I = M^T W^2 G \qquad (4\text{-}26)$$

由于 $M^T W^2 M$ 通常为对称正定矩阵,正则化后方程组系数矩阵 $M^T W^2 M + h^2 E$ 的特征值就落在区间 $[h^2, h^2 + \| M^T W^2 M \|]$ 之中,其条件数不会超过 $(h^2 + \| M^T W^2 M \|)/h^2$,而且随 h^2 增大而减小,因此方程组状态得到改善。改善的质量还取决于 h^2 值,其最佳值的选取通常比较困难,一般而言,可以先尝试若干取值,然后在其中选取一个最佳值。

4.3.4　地形独立和地形依赖的计算方案

在传感器物理模型已知时,可以采取地形独立的计算方案求解传感器模型;在传感器物理模型未知时,可以采取地形依赖的计算方案求解传感器模型。

4.3.4.1　地形独立的计算方案

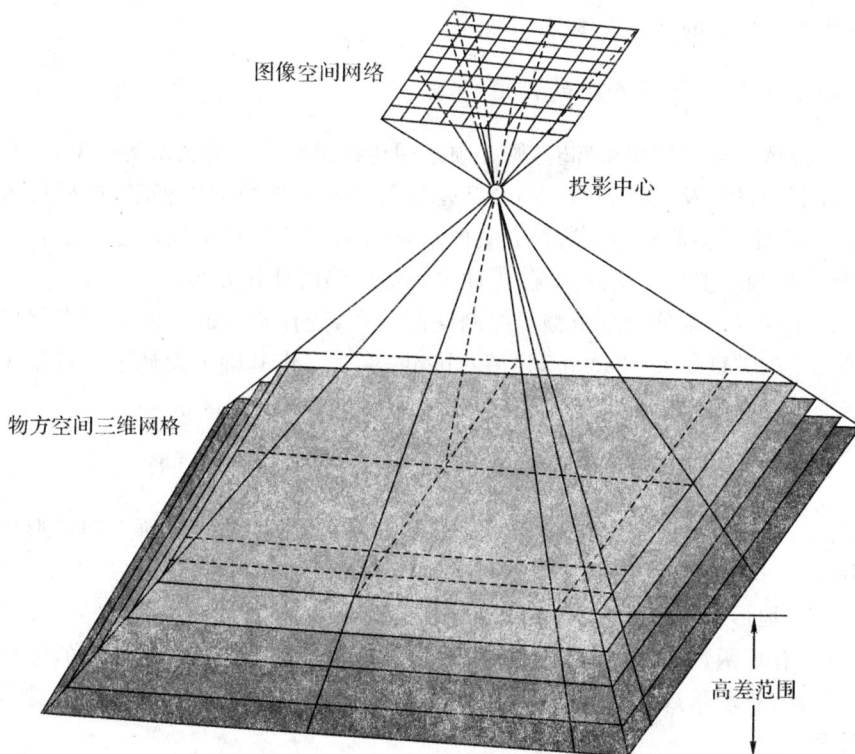

图 4-1　利用空间网格求解传感器模型

当传感器物理模型已知时,可以确定一个如图 4-1 所示的图像空间网格和物方空间网格,并利用物理模型确定物点位置及其与像点的对应关系,然后反求基于有理函数模型的传感器模型,具体计算步骤如下:

(1)确定图像空间网格:在整幅图像上均匀布设一个 m 行 n 列的二维网格,通常要求行列数大于 10。

(2)建立物方空间网格:在物方空间上建立一个三维网格,根据高程取值范围将网格分为几层,每层对应于一个高程值,通常要求层数大于 3 以保证良好的求解质量。

(3)有理函数模型拟合:依据物点及其对应像点的坐标列立方程,求解模型参数。

(4)精度检查:采取类似方法建立检查点网格,并使网格在每个方向上的密度增加一倍。分别利用已知传感器模型和求解所得传感器模型计算像点坐标,比较两者的差异,以此评估求解所得有理函数模型的精度。

这种方案根据传感器模型构造虚拟的物点和像点,不需要地面控制点信息,因此为地形独立的计算方案。

4.3.4.2　地形依赖的计算方案

当传感器物理模型未知时,则必须采用传统摄影测量方法求解模型,即利用地面控制测量点及其对应像点的坐标建立关于模型参数的方程组,然后反求模型参数,确定传感器模型。这种方案的求解结果不仅依赖于控制点的数目和分布,而且依赖于地形的实际状况,因此为地形依赖的计算方案。

由于计算结果的精度依赖于控制点的分布,选择合理分布的控制点就成为这种方案的关键所在,Tao 和 Hu 在 Zhang 等[37]工作基础上设计了一种基于桶方法的控制点自动选取方法[32],方法具有很强的鲁棒性。

4.3.5　模型测试和评估

Tao 和 Hu 以航空影像和 SPOT 卫星影像为数据,对地形独立和地形依赖两种计算方案的精度、稳定性等进行了测试和评估。

对于地形独立计算方案,测试和评估的结论如下:

(1)有理函数模型能够作为传感器物理模型的有效近似,并且近似精度较高。因此,有理函数模型可以替代传感器物理模型用作正射校正、三维重建等几何处理。

(2)因为有理函数模型的形式与共线方程的形式相似,所以高阶有理函数模型对于航空影像处理并非必要。但是,高阶模型对于卫星影像处理还是有必要的,它往往能够提高处理精度。

(3)虽然三次多项式模型能够取得较高精度,但是带分母因子的有理函数模型往往能够取得比多项式模型更高的精度,而且,分母因子不相等情况下的精度比分母因子相等情况下的精度高。

(4)法方程状态比较好,迭代解法求解质量比直接解法求解质量略好。此时,无须正则化处理即可取得较好的求解结果,因此,通常不使用正则化技术以避免迭代计算。

(5)在建立物方空间三维网格时,至少需要四层以上高程层,以免设计矩阵成为奇异矩阵。

对于地形依赖计算方案,测试和评估的结论如下:

(1)只有当控制点数目足够而且分布均匀时,有理函数模型才能取得较好的近似效果,但其精度往往比地形独立方案下的精度低。此外,在实际中很难采集到足够数量的控制点。

(2)由于求解方法数值不稳定,很难确定在何种情况下取得最佳结果,往往需要尝试不同情况,然后选择一个最佳模型。

(3)迭代解法的求解结果总是比直接解法的求解质量高,设计矩阵通常为秩亏矩阵,有必要使用正则化技术来改善方程组状态,以提高精度和改善收敛性,因此往往需要结合迭代解法和正则化技术来求解模型。

(4)基于桶方法的控制点自动选取方法往往能够选取数量足够并且分布均匀的控制点,以提高求解稳定性。

4.4　小　结

本章介绍了线阵 CCD 传感器的通用传感器模型,包括基于多项式的传感器模型、基于直接线性变换的传感器模型和基于有理函数模型的传感器模型。针对基于有理函数模型的传感器模型,详细介绍了模型的两种求解方法、两种计算方案、正则化方法、模型测试和评估等内容。近年来,许多商业公司将物理传感器模型保密起来,而仅将基于有理函数的传感器模型提供给用户,以达到技术保密的目的,这表明有理函数模型具有广阔的应用前景。

第 5 章　影像几何校正

　　为利用遥感影像进行几何量测、图像融合等处理与分析工作,必须将遥感影像纳入一个规定的图像投影参照系之中,通常把图像所覆盖的地表按正射方式投影在一个局部的地球切平面上,然后以此近似代替所需参照系。由于成像方式、地形起伏等许多因素的影响,各地物在原始影像中的位置、形状和大小与其在规定的图像投影参照系中的位置、形状和大小往往存在不一致现象,从而产生遥感影像的几何变形。遥感影像的变形误差总体上可以分为静态误差和动态误差两大类。静态误差是指在成像过程中,传感器相对于地球表面呈静止状态时所具有的变形误差。动态误差则指在成像过程中,由传感器相对于地球表面做运动所造成的变形误差。静态误差又可分为内部误差和外部误差两类。内部误差是由传感器结构等因素引起的,主要是由于传感器自身的性能、技术指标偏离标称数值所造成的。外部误差是指遥感器本身处在正常工作条件下,由遥感器以外的各因素所造成的误差,如传感器姿态变化、地球曲率、地形起伏、地球旋转等因素所引起的误差。

　　在早期遥感时代,遥感影像通常是卫星下视图像而且分辨率很低,通常采用目视解译的方式进行判读,几何变形问题的重要性相对较小。在高分辨率遥感时代,遥感影像可能是卫星侧视而非下视图像而且分辨率很高,通常以数字形式进行存储和处理,利用计算机进行自动或半自动判读,还需要进行多源影像融合,几何变形问题的重要性已经突显出来[34]。本章针对高分辨率卫星影像的特点,讨论影像几何校正的原理和方法。

5.1　几何变形的来源

　　有很多因素能够引起遥感影像的变形[6],下面分别简要叙述各种影像变形:

　　(1)成像方式引起的图像变形。正射投影影像是地面沿着竖直方向投影到水平面上并均匀缩小后所得的图像,在传感器竖直向下成像而且地面平坦的情况下,中心投影影像和正射投影影像是一致的。但是,当地面起伏变化或传感器侧视成像时,地面的中心投影影像和正射投影影像之间就存在不一致现象,由此产生图像变形。这种变形的根源是两种投影方式之间的不一致性。

(2)传感器外方位元素引起的图像变形。当传感器外方位元素发生变化时，图像也会产生变形。线阵 CCD 传感器采用推扫方式获取地面的影像，每个扫描瞬间获取一扫描行影像，传感器在不同扫描瞬间具有不同空间方位元素，整幅影像的变形是每条扫描线局部变形的综合。

(3)地形起伏引起的图像变形。当地形起伏变化时，地面点的中心投影位置就相对于正射投影位置发生偏移，由此产生图像变形。

(4)地球曲率引起的图像变形。由于地球表面是一个近似球面，以局部的地球切平面为参照，则地球表面上各点具有不同高程，相当于起伏变化，也会产生图像变形。这种变形与地形起伏引起的变形类似。

(5)大气折射引起的图像变形。由于整个大气层不是一个均匀的介质，电磁波在大气层中传播时的折射率随高度变化而变化，电磁波传播路径变成了曲线，从而产生图像变形。

(6)地球自转引起的图像变形。由于线阵 CCD 传感器采用推扫方式获取地面的影像，传感器在下一时刻获取影像时，地球已经相对于上一时刻发生由西向东的自转运动，这种自转运动使得图像发生扭曲，从而产生图像变形。

5.2　几何校正的方法

前一小节介绍了星载传感器所获取影像的各种几何变形，本节介绍影像几何校正的原理和方法。

5.2.1　基本原理和两种解算方案

不失一般性，不妨假设对应像素在原始影像和校正后影像中的坐标分别为(x,y)和(X,Y)，则它们之间存在如下函数映射关系：

$$\left.\begin{aligned} x &= F_x(X,Y) \\ y &= F_y(X,Y) \end{aligned}\right\} \tag{5-1}$$

$$\left.\begin{aligned} X &= G_X(x,y) \\ Y &= G_Y(x,y) \end{aligned}\right\} \tag{5-2}$$

几何校正的核心任务就是确定上述函数映射关系，然后据此校正影像，校正的方案有直接法和间接法两种。

如图 5-1 所示，直接法校正从原始影像出发，依据像点坐标(x,y)按照公式(5-2)计算出对应像点在校正后影像中的坐标(X,Y)，然后将原始影像上像点(x,y)处的灰度值赋给校正后影像上(X,Y)处的像点。

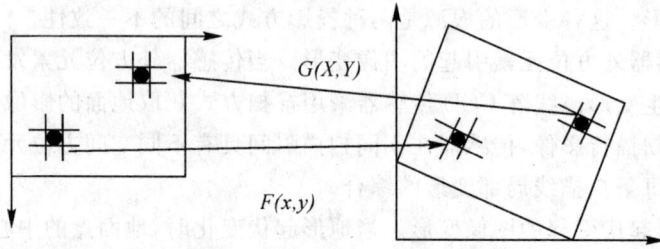

$G(X,Y)$

$F(x,y)$

图 5-1　直接法和间接法校正

如图 5-1 所示,间接法校正从校正后影像出发,依据像点坐标(X,Y)按照公式(5-1)计算出对应像点在原始影像中的坐标(x,y),然后将原始影像上像点(x,y)处的灰度值赋给校正后影像上(X,Y)处的像点。

对于直接法校正,采用公式(5-2)计算出的像点坐标(X,Y)可能不是整数,必须采用内插方法才能确定具有整数坐标值像素的灰度值。同样的,对于间接法校正,采用公式(5-1)计算出的像点坐标(x,y)可能不是整数,必须采用内插方法才能确定原始影像在该处的灰度值。

5.2.2　内插方法

无论直接法校正还是间接法校正,利用校正公式计算得到的坐标都可能不是整数,目标位置不恰好在像素位置上,必须根据周围像素的灰度值利用内插方法确定该点的灰度值。常用内插方法有最邻近内插法、双线性内插法以及三次卷积法等等。我们在此介绍应用较广的双线性内插法。

如图 5-2 所示,正方形四个角点表示四个像素,分别记为 00、01、10、11。目标点 p 位于正方形内部,与像素位置不重合,在 x 和 y 两个方向偏离 00 点的距离分别为 dx 和 dy。根据 00 和 01 点像素灰度值 G_{00} 和 G_{01} 采用线性内插方法可以确定 p_0 点的灰度值为:

$$G_{p_0} = G_{00}(1-dx) + G_{01}dx$$

同样的,根据 10 和 11 点像素灰度值 G_{10} 和 G_{11} 采用线性内插方法可以确定 p_1 点的灰度值为:

$$G_{p_1} = G_{10}(1-dx) + G_{11}dx$$

进一步,根据 p_0 和 p_1 点像素灰度值 G_{p_0} 和 G_{p_1} 采用线性内插方法可以确定 p 点的灰度值为:

$$G_p = G_{p_0}(1-dy) + G_{p_1}dy$$

综合起来,依据四个邻近像素灰度值确定目标点灰度值的公式为:

$$G_p = \begin{bmatrix} 1-dy & dy \end{bmatrix} \begin{bmatrix} G_{00} & G_{01} \\ G_{10} & G_{11} \end{bmatrix} \begin{bmatrix} 1-dx \\ dx \end{bmatrix} \tag{5-3}$$

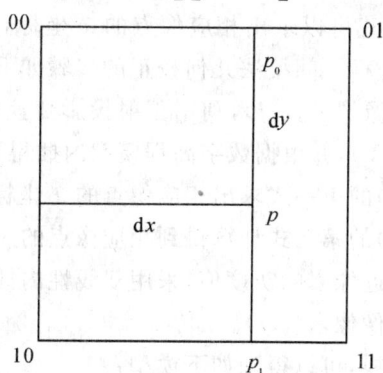

图 5-2　双线性内插

　　三次卷积法根据目标点周围九个像素的灰度值采用样条内插方法确定目标点的灰度值,计算最为复杂,最邻近内插法取与目标点最接近像素的灰度值作为目标点的灰度值,计算最为简单,相比较而言,双线性内插法取得了精度和运算量的有效平衡,得到了广泛应用。

5.2.3　线阵 CCD 扫描影像的精确校正

　　线阵 CCD 传感器成像模型描述了地面点与成像点之间的映射关系,据此可以构造几何校正公式,由于成像模型考虑了地面点的高程信息,因此能够校正因地形起伏等因素引起的像点偏移,实现精确校正。但是,该方法需要地面点的高程信息,有赖于从已知的数字高程模型等产品中获取。下面分别介绍基于共线方程的成像模型和基于有理函数模型的成像模型及其基础上的几何校正原理和方法。

5.2.3.1　基于共线方程的校正

　　基于共线方程的成像模型如下:

$$\left. \begin{aligned} 0 &= -f \frac{a_1(X-X_{Si}) + b_1(Y-Y_{Si}) + c_1(Z-Z_{Si})}{a_3(X-X_{Si}) + b_3(Y-Y_{Si}) + c_3(Z-Z_{Si})} \\ y &= -f \frac{a_2(X-X_{Si}) + b_2(Y-Y_{Si}) + c_2(Z-Z_{Si})}{a_3(X-X_{Si}) + b_3(Y-Y_{Si}) + c_3(Z-Z_{Si})} \end{aligned} \right\} \tag{5-4}$$

式中:X_{Si},Y_{Si},Z_{Si} 是传感器在获取该扫描行影像时的空间位置,a_i,b_i,c_i($i=1,2,3$)是传感器在获取该扫描行影像时的空间方位角元素的函数。

　　由于各外方位元素可以近似为 x 坐标的线性函数,对 $a_i,b_i,c_i(i=1,2,3)$ 按泰勒展开可以将其表达为 x 坐标的多项式函数。对于给定的地面点 (X,Y,Z),利用公式(5-4)的第一式可以求出相应像点的 x 坐标,然后代入第二式可以计算得到相应像点的 y 坐标。间接法几何校正的步骤如下:

　　(1)对于校正后影像像素 (i,j),利用正射投影变换(含缩放变换)计算相应地面点的平面坐标 (X,Y),并根据数字高程模型内插得到该点的高程值 Z。

　　(2)利用公式(5-4)的第一式求出相应像点的 x 坐标。

　　(3)利用公式(5-4)的第二式计算得到相应像点的 y 坐标。

　　(4)根据目标点邻近像素的灰度值,采用双线性内插方法确定目标点的灰度值,将其赋给校正后影像像素 (i,j)。

　　对公式(5-4)作变换,可以得到如下模型:

$$\left. \begin{array}{l} X=X_{Si}+\dfrac{a_1x-a_3f}{c_1x-c_3f}(Z-Z_{Si}) \\[2mm] Y=Y_{Si}+\dfrac{b_1x-b_3f}{c_1x-c_3f}(Z-Z_{Si}) \end{array} \right\} \qquad (5\text{-}5)$$

式中:$a_i,b_i,c_i(i=1,2,3)$ 是传感器在获取该扫描行影像时的空间方位角元素的函数。

　　由于各外方位元素可以近似为 x 坐标的线性函数,因此根据 x 坐标可以确定各外方位元素以及 $a_i,b_i,c_i,i=1,2,3$。对于给定的像点 (x,y),利用公式(5-5)可以求出相应地面点的坐标,但由于上式中的 Z 未知,必须首先根据初始高程值 Z 计算近似平面坐标 (X,Y),接着利用数字高程模型内插得到新的高程值 Z,然后代入上式计算得到新的平面坐标 (X,Y),如此迭代直至收敛,最终得到地面点坐标 (X,Y,Z)。直接法几何校正的步骤如下:

　　(1)对于原始影像像素 (x,y),给定初始高程值,利用公式(5-5)求出对应地面点的平面坐标 (X,Y)。

　　(2)利用数字高程模型,依据平面坐标 (X,Y) 内插得到该点的高程值,将其作为新的高程值代入公式(5-5),计算得到新的平面坐标 (X,Y),并反复迭代直至收敛,求得地面点坐标 (X,Y,Z)。

　　(3)利用正射投影变换(含缩放变换)计算地面点在校正后影像中的坐标 (i',j')。

　　(4)对校正后影像进行重采样处理,内插得到各个像素的灰度值,获取校正后影像。

　　值得指出,将原始影像像素映射到校正后影像上可能产生空白区域(没有像素映射到该处)和重叠区域(多个像素映射到该处),因此很难采用内插方法获得规则排列的校正后影像。此外,直接法还需采用迭代方法确定地面点坐标。相比之下,间接法更具有优势。

5.2.3.2　基于有理函数模型的校正

有理函数模型的正解形式和反解形式分别如式(5-6)和(5-7)所示:

$$
\left.
\begin{aligned}
r_n &= \frac{p_1(X_n, Y_n, Z_n)}{p_2(X_n, Y_n, Z_n)} \\
c_n &= \frac{p_3(X_n, Y_n, Z_n)}{p_4(X_n, Y_n, Z_n)}
\end{aligned}
\right\} \tag{5-6}
$$

$$
\left.
\begin{aligned}
X_n &= \frac{p_5(r_n, c_n, Z_n)}{p_6(r_n, c_n, Z_n)} \\
Y_n &= \frac{p_7(r_n, c_n, Z_n)}{p_8(r_n, c_n, Z_n)}
\end{aligned}
\right\} \tag{5-7}
$$

式中:r_n,c_n 和 X_n,Y_n,Z_n 分别为像点和物点取值于区间$[-1.0, 1.0]$的归一化坐标,p_i 为具有如下形式的多项式函数:

$$
p = \sum_{i=0}^{m1} \sum_{j=0}^{m2} \sum_{k=0}^{m3} a_{ijk} X^i Y^j Z^k
$$

正解形式描述了物点坐标到像点坐标的变换关系,反解形式描述了像点坐标到物点坐标的变换关系,它们正好为间接法和直接法校正提供了基础。基于有理函数模型的几何校正过程和基于共线方程的几何校正过程类似,而且利用公式(5-6)由地面点坐标可以直接计算像点坐标,计算更加简洁。当然,由于有理函数模型采用归一化坐标,必须在校正过程中增加相应坐标变换步骤将其变换为原始坐标。

5.3 小　结

本章首先介绍了影像几何变形的来源,然后接着介绍了几何校正的原理和两种解算方案,然后介绍了影像校正中常用的影像重采样和内插方法,最后,针对线阵 CCD 传感器获取的影像,介绍了基于共线方程和基于有理函数模型的影像校正方法。

第 6 章　核线几何

核线几何是摄影测量领域中的一个基本概念,它反映立体像对中两幅图像之间的几何关系。核线几何依赖于立体图像之间相对位置关系,与传感器空间位置、实际场景等因素无关,是立体像对内在几何关系的反映和描述。因此,核线几何是描述和分析立体像对几何关系的重要工具,是立体像对相对定向的依据、是立体图像匹配中同名像点搜索的重要约束。如果利用框幅式摄影机或面阵 CCD 传感器在不同位置拍摄同一场景获取两幅图像,则连接两个摄影中心可以确定唯一摄影基线,摄影基线联合任一场景点即可确定一个核面,核面与像平面相交即确定核线。由于线阵 CCD 传感器采用推扫方式获取影像,传感器在获取影像过程中不断运动,每幅影像有多个摄影中心,立体像对的摄影基线并非唯一确定,核线几何非常复杂,必须建立新的核线几何理论和模型。本章从几何和代数两个角度介绍框幅式中心投影影像和线阵 CCD 推扫式影像的核线几何,力求揭示核线几何的本质特性,建立几何和代数模型。

6.1　框幅式中心投影影像的核线几何

框幅式摄影机和面阵 CCD 传感器以中心投影方式获取影像,整幅影像共享一个摄影中心,一个立体像对具有唯一确定的摄影基线,从而具有简洁明了的核线几何关系。

6.1.1　几何模型

本质上,核线几何是以摄影基线(两个摄影中心的连线)为轴的一束平面与立体像对两个像平面之间的相交几何关系。核线几何在同名点搜索中发挥重要作用,下面我们结合立体匹配中的同名点搜索问题介绍相关概念和模型。

如图 6-1 所示为一个立体像对,S 和 S' 为立体像对左、右两个摄影中心,A 为地面场景中一个物点,成像于左、右两幅影像中的 a 和 a'。由摄影中心、像点和物点共线的性质可知,反向投影光线 Sa 和 $S'a'$ 相交于物点 A,摄影中心 S 和 S'、像点 a 和 a' 以及物点 A 五点共面于 W_A,a 和 a' 称为同名像点。已知物点在

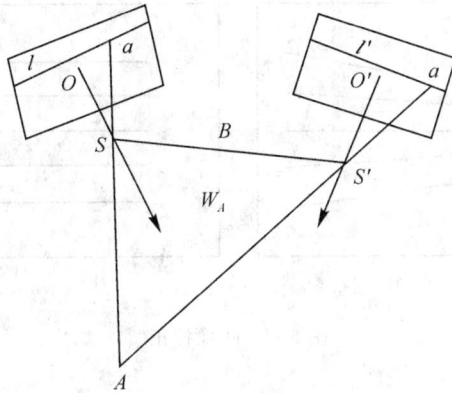

图 6-1　核线几何

左像中的像点 a(或右像中的像点 a'),要求确定物点在右像中的像点 a'(或左像中的像点 a),就是同名像点搜索问题。上述五点共面的性质是同名像点搜索的重要约束条件。依据像点 a(或像点 a')以及摄影中心 S 和 S' 等三点即可确定平面 W_A,W_A 与另一像平面相交于直线 l'(或 l),同名像点 a'(或 a)即位于直线 l'(或 l)上。这一性质将同名点搜索空间从二维平面缩小为一维直线,不但可以提高搜索效率,而且可以提高搜索结果的可靠性。

图 6-1 包含了核线几何的基本要素,连线 SS' 为立体像对的摄影基线,由摄影基线和物点 A 所确定的平面 W_A 称为通过点 A 的核面。核面与像平面的交线 l 或 l' 称为核线。同一物点所确定的投影光线 AS 和 AS' 称为同名光线。同一物点在两幅影像中的像点 a 和 a' 称为同名像点。同一核面与两个像平面相交所得的核线 l 和 l' 称为同名核线。摄影基线与像平面的交点称为核点,左、右两个像平面分别有一个核点。

显然,任意核面都通过核点,一个像平面中的任意核线都通过该像平面的核点,即同一像平面中所有核线相交于核点。当摄影基线平行于像平面时,摄影基线与像平面不相交,即交点位于无穷远处,不同核面所对应的核线相互平行。一般情况下,立体像对的基线不平行于像平面,核线并不相互平行,如图 6-2(a)所示。沿核线搜索同名点必须不断重采样图像,为此,通常预先校正图像使得像平面,平行于摄影基线,从而使得核线平行于图像扫描行,如图 6-2(b)所示,这样可以避免同名点搜索中的重采样过程,大大节省时间。

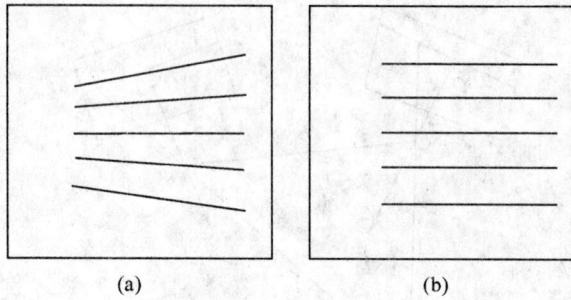

(a)   (b)

图 6-2　图像校正

6.1.2　代数模型

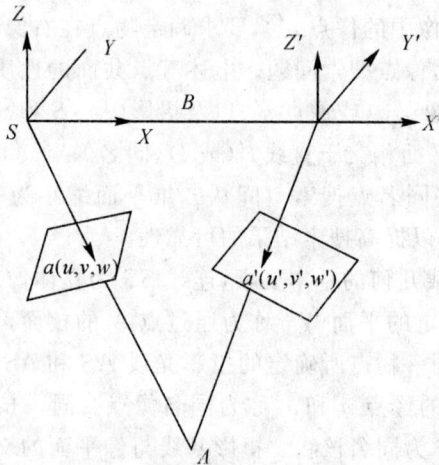

图 6-3　核线几何的代数模型

前一小节从几何角度剖析核线几何的本质,阐述核线几何的性质,本节将从代数角度分析核线几何,给出其代数模型。如图 6-3 所示,建立像空间辅助坐标系 $S\text{-}XYZ$ 和 $S'\text{-}X'Y'Z'$,记摄影中心 S' 在像空间辅助坐标系 $S\text{-}XYZ$ 中的坐标为 (B_X,B_Y,B_Z),a 和 a' 在像空间辅助坐标系 $S\text{-}XYZ$ 和 $S'\text{-}X'Y'Z'$ 中的坐标分别为 (u,v,w) 和 (u',v',w'),则由共面条件可得:

$$\overrightarrow{SS'} \cdot (\overrightarrow{Sa} \times \overrightarrow{S'a'}) = 0 \tag{6-1}$$

可以写成如下行列式形式:

$$\begin{bmatrix} B_X & B_Y & B_Z \\ u & v & w \\ u' & v' & w' \end{bmatrix} \qquad (6\text{-}2)$$

展开行列式可以得到如下表达形式:

$$\begin{bmatrix} u' & v' & w' \end{bmatrix} \begin{bmatrix} 0 & B_Z & -B_Y \\ -B_Z & 0 & B_X \\ B_Y & -B_X & 0 \end{bmatrix} \begin{bmatrix} u \\ v \\ w \end{bmatrix} = 0$$

由于 $\begin{bmatrix} u \\ v \\ w \end{bmatrix} = R \begin{bmatrix} x \\ y \\ -f \end{bmatrix} = \begin{bmatrix} a_1 & a_2 & a_3 \\ b_1 & b_2 & b_3 \\ c_1 & c_2 & c_3 \end{bmatrix} \begin{bmatrix} x \\ y \\ -f \end{bmatrix}$

$$\begin{bmatrix} u' \\ v' \\ w' \end{bmatrix} = R' \begin{bmatrix} x' \\ y' \\ -f' \end{bmatrix} = \begin{bmatrix} a'_1 & a'_2 & a'_3 \\ b'_1 & b'_2 & b'_3 \\ c'_1 & c'_2 & c'_3 \end{bmatrix} \begin{bmatrix} x' \\ y' \\ -f' \end{bmatrix}$$

可以得到:

$$\begin{bmatrix} x' & y' & -f \end{bmatrix} \begin{bmatrix} a'_1 & a'_2 & a'_3 \\ b'_1 & b'_2 & b'_3 \\ c'_1 & c'_2 & c'_3 \end{bmatrix}^T \begin{bmatrix} 0 & B_Z & -B_Y \\ -B_Z & 0 & B_X \\ B_Y & -B_X & 0 \end{bmatrix} \begin{bmatrix} a_1 & a_2 & a_3 \\ b_1 & b_2 & b_3 \\ c_1 & c_2 & c_3 \end{bmatrix} \begin{bmatrix} x \\ y \\ -f \end{bmatrix} = 0$$

记

$$F = \begin{bmatrix} f_{11} & f_{12} & f_{13} \\ f_{21} & f_{22} & f_{23} \\ f_{31} & f_{32} & f_{33} \end{bmatrix} = \begin{bmatrix} a'_1 & a'_2 & -fa'_3 \\ b'_1 & b'_2 & -fb'_3 \\ c'_1 & c'_2 & -fc'_3 \end{bmatrix}^T$$
$$\begin{bmatrix} 0 & B_Z & -B_Y \\ -B_Z & 0 & B_X \\ B_Y & -B_X & 0 \end{bmatrix} \begin{bmatrix} a_1 & a_2 & -fa_3 \\ b_1 & b_2 & -fb_3 \\ c_1 & c_2 & -fc_3 \end{bmatrix}$$

上式可以写为

$$\begin{bmatrix} x' & y' & 1 \end{bmatrix} \begin{bmatrix} f_{11} & f_{12} & f_{13} \\ f_{21} & f_{22} & f_{23} \\ f_{31} & f_{32} & f_{33} \end{bmatrix} \begin{bmatrix} x \\ y \\ 1 \end{bmatrix} = 0 \qquad (6\text{-}3)$$

这就是核线几何的代数模型,在计算机视觉领域称为基本矩阵[17]。它反映了共面条件,即同名像点 (x,y) 和 (x',y') 应该满足的条件。进一步记

$$\begin{bmatrix} A \\ B \\ C \end{bmatrix} = \begin{bmatrix} f_{11} & f_{12} & f_{13} \\ f_{21} & f_{22} & f_{23} \\ f_{31} & f_{32} & f_{33} \end{bmatrix} \begin{bmatrix} x \\ y \\ 1 \end{bmatrix}$$

(6-3)式可以写成

$$Ax' + By' + C = 0 \qquad\qquad (6\text{-}4)$$

这是核线 l' 的方程,方程系数由像点 a 的坐标所决定。实际上,矩阵 F 是将像点 a 映射为其核线 l' 的变换矩阵,F^T 也是将像点 a' 映射为其核线 l 的变换矩阵。

6.2 线阵 CCD 推扫式影像的核线几何

线阵 CCD 传感器以推扫方式获取影像,成像几何属于多中心投影方式,不同扫描行影像具有不同摄影中心,立体像对的摄影基线不唯一确定,核线几何不同于单中心投影影像的核线几何。

6.2.1 几何模型

核线几何的本质特征是共面条件,即反向投影光线 Sa 和 $S'a'$ 共面,从而有摄影中心 S 和 S'、像点 a 和 a' 以及物点 A 五点共面于核面 W_A。依据像点 a 和摄影中心 S 即可确定反向投影光线 Sa,依据 Sa 和 S' 即可确定核面 W_A,W_A 与像平面相交即可得到核线 l'。由此可见,核线 l' 是反向投影光线 Sa 在右像平面上的投影。当成像几何为单中心投影方式时,核线为一条直线。当成像几何为多中心投影方式时,核线(即反向投影光线 Sa 在右像上的成像)通常为一条曲线,称为核曲线。在线阵 CCD 推扫式影像的核线几何中,一幅影像中的像点被映射为另一幅影像中的核曲线。核线几何仍然将同名点的搜索空间从二维降至沿着曲线的一维空间。

对于框幅式摄影影像,核线为直线,而且可以采取影像校正方法使得核线与图像扫描行吻合,从而简化同名点搜索。但是,对于线阵 CCD 推扫式影像,不能通过校正方法使核曲线与扫描行吻合,沿着核曲线搜索同名像点是非常耗时的过程,因此,如何利用核线几何约束同名点搜索是一个有待研究的课题。

6.2.2 代数模型

前一小节指出线阵 CCD 推扫式影像的核线为曲线,这一小节将给出核曲线的几种代数表达形式。

6.2.2.1 近似核线模型

由于线阵 CCD 推扫式影像的核线几何比较复杂,不利于在立体匹配中加以利用。许多学者提出近似核线理论,给出几种近似模型。譬如,张祖勋等利用多项式拟合方法逼近核曲线,给出了核曲线的多项式模型。

$$y'=a_0+a_1y+(a_2+a_3y+(a_4+a_5y+(a_6+a_7y)x')x')x' \tag{6-5}$$

$$y'=a_0+a_1y+(a_2+a_3y+(a_4+a_5y+(a_6+a_7y)x')x')x'$$
$$+(a_8+(a_9+(a_{10}+a_{11}x')x')x')y^2 \tag{6-6}$$

式中:(x',y') 为核曲线上点的坐标,y' 为 x' 和左方同名像点 y 坐标的多项式函数,(6-5)式和(6-6)式分别为四次和五次多项式。

多项式系数为多项式模型的待定系数,可以采用拟合方法加以确定。首先,必须确定相当数量尽可能均匀分布的同名像点。然后,将多项式系数看作未知数,以所建立的同名像点为数据点,依据(6-5)式或(6-6)式列立关于未知数的方程组,然后,求解方程组确定多项式系数。确定了多项式系数就建立了近似核线模型。

6.2.2.2　基于投影轨迹法的核线模型

在介绍几何模型时,我们指出像点 a 的核线 l' 可以看作反向投影光线 Sa 在右像上的投影曲线,这种构造核线模型的方法称为投影轨迹法。在利用投影轨迹法构造核线模型时,首先必须选择一个合适的传感器模型,用于描述传感器的投影成像过程。在线阵 CCD 的多种传感器模型中,基于共线方程的传感器模型精度较高、计算不复杂,得到广泛应用,为此,本节将以此模型为例推导线阵 CCD 传感器影像的核线模型[20]。

不失一般性,选择像平面坐标系的 x 轴与飞行方向平行,选择坐标原点使得像点 a 的坐标为 $(0,y)$,记左传感器获取该像点时的空间外方位元素为 X_s,$Y_s,Z_s,\varphi,\omega,\kappa$,反向投影光线 Sa 的参数方程为:

$$\begin{bmatrix} X \\ Y \\ Z \end{bmatrix} = \begin{bmatrix} X_S \\ Y_S \\ Z_S \end{bmatrix} + \lambda \begin{bmatrix} a_1 & a_2 & a_3 \\ b_1 & b_2 & b_3 \\ c_1 & c_2 & c_3 \end{bmatrix} \begin{bmatrix} 0 \\ y \\ -f \end{bmatrix} \tag{6-7}$$

参数方程中的旋转矩阵为空间方位元素角元素的函数。反向投影光线 Sa 投影到右像上成为核曲线 l',可以表达为 y' 关于 x' 的函数。同样不失一般性,下面仅分析核曲线与目标扫描行的交点,即 y' 在给定 x' 处的取值,选择坐标原点使其在目标扫描行上,记右传感器获取该行影像时的空间外方位元素为 X'_s,$Y'_s,Z'_s,\varphi',\omega',\kappa'$,则传感器在获取目标扫描行时的构象方程为:

$$\left. \begin{aligned} 0 &= -f\frac{a'_1(X-X'_s)+b'_1(Y-Y'_s)+c'_1(Z-Z'_s)}{a'_3(X-X'_s)+b'_3(Y-Y'_s)+c'_3(Z-Z'_s)} \\ y' &= -f\frac{a'_2(X-X'_s)+b'_2(Y-Y'_s)+c'_2(Z-Z'_s)}{a'_3(X-X'_s)+b'_3(Y-Y'_s)+c'_3(Z-Z'_s)} \end{aligned} \right\} \tag{6-8}$$

由上式第一式可得：

$$0 = a'_1(X - X'_s) + b'_1(Y - Y'_s) + c'_1(Z - Z'_s) \tag{6-9}$$

将(6-7)式代入上式可得：

$$0 = a'_1(X_s - X'_s + \lambda(a_2 y - a_3 f)) + b'_1(Y_s - Y'_s + \lambda(b_2 y - b_3 f))$$
$$+ c'_1(Z_s - Z'_s + \lambda(c_2 y - c_3 f)) \tag{6-10}$$

从而可以解得

$$\lambda = \frac{a'_1(X_s - X'_s) + b'_1(Y_s - Y'_s) + c'_1(Z_s - Z'_s)}{(a'_1 a_2 + b'_1 b_2 + c'_1 c_2)y - (a'_1 a_3 + b'_1 b_3 + c'_1 c_3)f} \tag{6-11}$$

记

$$\left. \begin{array}{l} A = X_s - X'_s + \lambda(a_2 y - a_3 f) \\ B = Y_s - Y'_s + \lambda(b_2 y - b_3 f) \\ C = Z_s - Z'_s + \lambda(c_2 y - c_3 f) \end{array} \right\} \tag{6-12}$$

可将(6-8)式第二式写作

$$y' = -f \frac{a'_2 A + b'_2 B + c'_2 C}{a'_3 A + b'_3 B + c'_3 C} \tag{6-13}$$

上式给出了 y' 在给定 x' 处的取值，当 x' 变化时，y' 随之变化并形成核曲线。必须指出，左、右传感器的空间方位元素 $X_s, Y_s, Z_s, \varphi, \omega, \kappa$ 和 $X'_s, Y'_s, Z'_s, \varphi', \omega', \kappa'$ 分别为 x 和 x' 的函数，因此 y' 是关于 x' 的复杂的非线性函数，记为：

$$y' = Q(x')$$

上式就是利用基于共线方程的线阵 CCD 传感器模型推导所得的核线几何的代数模型。线阵 CCD 传感器采用推扫方式获取遥感影像，传感器空间位置和姿态随时间变化。实验发现，采用一次或二次函数描述空间外方位元素的变化规律，容易导致定向参数相关，影响定向精度。另一方面，由于星载 CCD 传感器受外界阻力小，飞行轨道平稳，可以近似假设传感器空间位置随时间线性变化，空间姿态保持不变。这样，对于一幅影像来说，外方位角元素为常数，外方位线元素为 x 坐标的线性函数：

$$\left. \begin{array}{l} X_s = X_{S0} + x \cdot \Delta X \\ Y_s = Y_{S0} + x \cdot \Delta Y \\ Z_s = Z_{S0} + x \cdot \Delta Z \end{array} \right\} \tag{6-14}$$

$$\left. \begin{array}{l} X'_s = X'_{S0} + x' \cdot \Delta X' \\ Y'_s = Y'_{S0} + x' \cdot \Delta Y' \\ Z'_s = Z'_{S0} + x' \cdot \Delta Z' \end{array} \right\} \tag{6-15}$$

将(6-14)和(6-15)式代入(6-11)、(6-12)和(6-13)式，并按照 x', y' 的次数整理可得：

$$k_1 x' + k_2 x' y' + k_3 y' + k_4 = 0 \qquad (6\text{-}16)$$

其中，k_1, k_2, k_3, k_4 具有如下形式

$$k_1 = l_1 y + l_2$$
$$k_2 = l_3 y + l_4$$
$$k_3 = (l_5 x + l_6) y + (l_7 x + l_8)$$
$$k_4 = (l_9 x + l_{10}) y + (l_{11} x + l_{12})$$

式中：$l_i (i=1,\cdots,12)$ 是 $a_i, b_i, c_i, X_S, Y_S, Z_S, \Delta X, \Delta Y, \Delta Z, a'_i, b'_i, c'_i, X'_S, Y'_x, Z'_S, \Delta X', \Delta Y', \Delta Z'$ 等的函数，对于一个立体像对而言，它们为常数。(6-16)式就是在对传感器运动作简化假设后推导所得的核线模型，称为简化模式下的核线模型。

引入矩阵符号，可以将(6-16)式写为

$$\begin{bmatrix} x' & x'y' & y' & 1 \end{bmatrix} \begin{bmatrix} 0 & 0 & f_{13} & f_{14} \\ 0 & 0 & f_{23} & f_{24} \\ f_{31} & f_{32} & f_{33} & f_{34} \\ f_{41} & f_{42} & f_{43} & f_{44} \end{bmatrix} \begin{bmatrix} x \\ xy \\ y \\ 1 \end{bmatrix} = 1 \qquad (6\text{-}17)$$

其中，

$$F = \begin{bmatrix} 0 & 0 & f_{13} & f_{14} \\ 0 & 0 & f_{23} & f_{24} \\ f_{31} & f_{32} & f_{33} & f_{34} \\ f_{41} & f_{42} & f_{43} & f_{44} \end{bmatrix} = \begin{bmatrix} 0 & 0 & l_1 & l_2 \\ 0 & 0 & l_3 & l_4 \\ l_7 & l_5 & l_6 & l_8 \\ l_{11} & l_9 & l_{10} & l_{12} \end{bmatrix}$$

(6-17)式与(6-3)式具有相似的形式，但容易看出，(6-17)式所描述的是一条曲线而非直线。上述模型还可以采取不同方式推导得到，Gupta 和 Hartley 在线性成像模型基础上推导了上述核线模型[16]。

6.2.2.3 基于简化传感器模型的核线模型

实际上，在传感器空间姿态保持不变，空间位置随时间线性变化假设下，基于共线方程的传感器模型可以描述为：

$$\left. \begin{array}{l} x = A_0 X + A_1 Y + A_2 Z + A_3 \\ y = \dfrac{A_4 X + A_5 Y + A_6 Z + 1}{A_7 X + A_8 Y + A_9 Z + A_{10}} \end{array} \right\} \qquad (6\text{-}18)$$

$$\left. \begin{array}{l} x' = A'_0 X + A'_1 Y + A'_2 Z + A'_3 \\ y' = \dfrac{A'_4 X + A'_5 Y + A'_6 Z + 1}{A'_7 X + A'_8 Y + A'_9 Z + A'_{10}} \end{array} \right\} \qquad (6\text{-}19)$$

依据(6-18)式可以将 X 和 Y 表示为 Z 以及 x 和 y 的函数：

$$X = \frac{(u_1 y + u_2)Z + (u_3 xy + u_4 x + u_5 y + u_6)}{u_{13} y + 1}$$

$$Y = \frac{(u_7 y + u_8)Z + (u_9 xy + u_{10} x + u_{11} y + u_{12})}{u_{13} y + 1} \Bigg\}$$ (6-20)

其中，$u_i (i = 1, \cdots, 13)$ 可以表达为 $A_i, A'_i, i = 1, \cdots, 10$ 的函数形式，将(6-20)式代入(6-19)式可以得到：

$$(v_1 y + v_2)Z = v_3 x'y + v_4 x' + v_5 xy + v_6 x + v_7 y + 1$$

$$y' = \frac{(v_8 y + v_9)Z + v_{10} xy + v_{11} x + v_{12} y + 1}{(v_{13} y + v_{14})Z + v_{15} xy + v_{16} x + v_{17} y + v_{18}} \Bigg\}$$ (6-21)

其中，$v_i, i = 1, \cdots, 13$ 可以表达为 $u_i, i = 1, \cdots, 13$ 的函数形式，联立(6-21)式中的第一、二式可以得到：

$$y' = \frac{(w_1 y^2 + w_2 y + w_3)x' + (w_4 x + w_5)y^2 + (w_6 x + w_7)y + (w_8 x + 1)}{(w'_1 y^2 + w'_2 y + w'_3)x' + (w'_4 x + w'_5)y^2 + (w'_6 x + w'_7)y + (w'_8 x + w'_9)}$$

(6-22)

其中，$w_i, w'_i, i = 1, \cdots, 9$ 可以表达为 $v_i, i = 1, \cdots, 13$ 的函数形式，(6-22)式可以改写为：

$$k_1 x' + k_2 x'y' + k_3 y' + k_4 = 0$$ (6-23)

其中，k_1, k_2, k_3, k_4 具有如下形式

$$k_1 = w_1 y^2 + w_2 y + w_3$$

$$k_2 = w'_1 y^2 + w'_2 y + w'_3$$

$$k_3 = (w'_4 x + w'_5)y^2 + (w'_6 x + w'_7)y + (w'_8 x + w'_9)$$

$$k_4 = (w_4 x + w_5)y^2 + (w_6 x + w_7)y + (w_8 x + 1)$$

(6-23)式就是在对传感器运动作简化假设后，利用传感器的简化模型推导所得的核线模型，称为基于简化模型的核线模型[21]。

引入矩阵符号，可以将(6-23)式写为：

$$[x' \quad x'y' \quad y' \quad 1] \begin{bmatrix} 0 & f_{12} & 0 & f_{14} & 0 & f_{16} \\ 0 & f_{22} & 0 & f_{24} & 0 & f_{26} \\ f_{31} & f_{32} & f_{33} & f_{34} & f_{35} & f_{36} \\ f_{41} & f_{42} & f_{43} & f_{44} & f_{45} & f_{46} \end{bmatrix} \begin{bmatrix} xy^2 \\ y^2 \\ xy \\ y \\ x \\ 1 \end{bmatrix} = 0 \quad (6\text{-}24)$$

其中，

$$F = \begin{bmatrix} 0 & f_{12} & 0 & f_{14} & 0 & f_{16} \\ 0 & f_{22} & 0 & f_{24} & 0 & f_{26} \\ f_{31} & f_{32} & f_{33} & f_{34} & f_{35} & f_{36} \\ f_{41} & f_{42} & f_{43} & f_{44} & f_{45} & f_{46} \end{bmatrix} = \begin{bmatrix} 0 & w_1 & 0 & w_2 & 0 & w_3 \\ 0 & w'_1 & 0 & w'_2 & 0 & w'_3 \\ w'_4 & w'_5 & w'_6 & w'_7 & w'_8 & w'_9 \\ w_4 & w_5 & w_6 & w_7 & w_8 & 1 \end{bmatrix}$$

(6-23)式与(6-3)式和(6-17)式具有相似的形式。如果略去 y 的二次项，(6-24)式所描述的模型就退化为(6-17)式所描述的模型。

6.3 小　结

本章介绍立体像对的核线几何模型,首先从几何与代数角度出发阐述了核线几何的含义,在此基础上介绍了线阵 CCD 传感器所获取影像的核线几何,然后分别介绍了近似核线模型、基于投影轨迹法的核线模型和基于简化传感器模型的核线模型三种代数模型,后面两种模型具有相似的形式,反映了核线几何的本质特性。

第7章 三维重建

三维重建是利用卫星影像获取地表三维信息的基本手段。高分辨率卫星所搭载的线阵CCD传感器能够进行对地立体观测,即通过异轨或同轨方式在不同位置获取同一地区的影像,构成立体影像。通常每个地面点在每幅影像上都有一个成像点,三维重建就是利用地面点在卫星影像上成像点的二维位置信息恢复出地面点在空间中的三维位置信息。本章介绍三维重建的基本原理和常用方法。

7.1 三维重建方法概述

三维重建指利用二维图像恢复场景的三维信息的过程,是摄影测量和计算机视觉两个学科的核心课题。

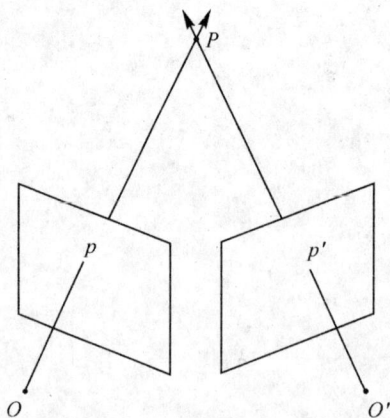

图 7-1 三维重建

如图 7-1 所示,在 O 和 O' 处分别拍摄同一场景得到两幅图像,场景点 P 在两幅图像中分别成像于 p 和 p' 点,分别自 O 和 O' 向 p 和 p' 引向后投影光线,两条光线相交即可确定场景点 P 的空间位置,这就是前方交会过程,是三维重建的几何过程。

如果分别为三维场景和二维图像建立坐标系,利用成像模型则可以描述像点坐标和物点坐标的函数关系,将像点坐标看作已知数、物点坐标看作未知数,依据成像模型列立关于未知数的方程组,求解方程组即可确定场景点的空间坐标,这就是三维重建的代数过程。对于不同的成像模型,列立和求解方程组的方法有所不同。

摄影测量领域早就针对上述问题和方法进行了深入研究,并发展了航带法、独立模型法和光束法等空中三角测量方法。这些方法经过简单修改可以应用于高分辨率卫星影像的三维重建。计算机视觉领域则以射影几何为工具,对多视图几何关系问题开展了研究,将三维重建分为射影重建、仿射重建及度量重建等不同层次,发展了一套层次重建的方法。虽然这套方法在理论上比较完善,但求解精度往往不能满足应用需要,因此目前还很难应用于高分辨率卫星影像的三维重建。

7.2　基于线性模型的三维重建

线阵 CCD 传感器的线性成像模型为:

$$
\begin{bmatrix} x \\ wy \\ w \end{bmatrix} = \begin{bmatrix} m_{11} & m_{12} & m_{13} & m_{14} \\ m_{21} & m_{22} & m_{23} & m_{24} \\ m_{31} & m_{32} & m_{33} & m_{34} \end{bmatrix} \begin{bmatrix} X \\ Y \\ Z \\ 1 \end{bmatrix} \tag{7-1}
$$

其中,x,y 为像点在像平面坐标系中的坐标,X,Y,Z 为物点在物方空间坐标系中的坐标,$m_{ij}(i=1,2,3,j=1,2,3,4)$ 为投影矩阵 M 的元素。

不妨记两幅影像的投影矩阵分别为 M 和 M',p 和 p' 的像平面坐标分别为 (x,y) 和 (x',y'),待定物点 P 的坐标为 (X,Y,Z),在已知矩阵 M 和 M' 以及像点坐标 (x,y) 和 (x',y') 时,可以依据成像模型列立如下方程组:

$$
\begin{bmatrix}
m_{11} & m_{12} & m_{13} & m_{14}-x & 0 & 0 \\
m_{21} & m_{22} & m_{23} & m_{24} & y & 0 \\
m_{31} & m_{32} & m_{33} & m_{34} & 1 & 0 \\
m'_{11} & m'_{12} & m'_{13} & m'_{14}-x' & 0 & 0 \\
m'_{21} & m'_{22} & m'_{23} & m'_{24} & 0 & y' \\
m'_{31} & m'_{32} & m'_{33} & m'_{34} & 0 & 1
\end{bmatrix}
\begin{bmatrix} X \\ Y \\ Z \\ 1 \\ -w \\ -w' \end{bmatrix} = 0 \tag{7-2}
$$

求解上述方程组可以得到物点坐标 (X,Y,Z)。通过这种方式可以重建三维场景,但是仅能实现仿射重建,重建场景和真实场景之间存在一个仿射变换,必须根据若干已知地面控制点建立重建场景与真实场景之间的联系,然后才能将重建场景与真实场景统一起来，即将场景纳入到地面测量坐标系中[17]。

7.3 基于仿射变换模型的三维重建

基于仿射变换模型的传感器模型为：

$$x = A_1 X + A_2 Y + A_3 Z + A_4$$

$$\frac{f + \dfrac{\Delta Z}{m\cos\omega}}{f - y\tan\omega} y = A_5 X + A_6 Y + A_7 Z + A_8 \tag{7-3}$$

式中：$\Delta Z = \bar{Z} - Z$，$\bar{Z}$ 为地面的平均高度，ω 为侧视角。

选择物方空间坐标系，使地面平均高度为 0，在 p 和 p' 的像平面坐标 (x, y) 和 (x', y') 以及传感器模型已知时，可以列立如下方程组：

$$\begin{bmatrix} A_1 & A_2 & A_3 \\[2mm] A_5 & A_6 & A_7 + \dfrac{y}{m\cos\omega(f-y\tan\omega)} \\[2mm] A'_1 & A'_2 & A'_3 \\[2mm] A'_5 & A'_6 & A_7 + \dfrac{y'}{m\cos\omega'(f-y'\tan\omega')} \end{bmatrix} \begin{bmatrix} X \\ Y \\ Z \end{bmatrix} = \begin{bmatrix} x - A_4 \\[2mm] \dfrac{fy}{f-y\tan\omega} - A_8 \\[2mm] x' - A'_4 \\[2mm] \dfrac{fy'}{f-y'\tan\omega'} - A'_8 \end{bmatrix} \tag{7-4}$$

求解上述方程组可以得到物点坐标，通过这种方式实现场景三维重建[7]。

7.4 基于有理函数模型的三维重建

有理函数模型具有正解形式和反解形式，正解形式描述了物点坐标到像点坐标的变换关系：

$$\left. \begin{aligned} r_n &= \frac{p_1(X_n, Y_n, Z_n)}{p_2(X_n, Y_n, Z_n)} \\[2mm] c_n &= \frac{p_3(X_n, Y_n, Z_n)}{p_4(X_n, Y_n, Z_n)} \end{aligned} \right\} \tag{7-5}$$

反解形式描述了像点坐标到物点坐标的变换关系：

$$\left. \begin{aligned} X_n &= \frac{p_5(r_n, c_n, Z_n)}{p_6(r_n, c_n, Z_n)} \\[2mm] Y_n &= \frac{p_7(r_n, c_n, Z_n)}{p_8(r_n, c_n, Z_n)} \end{aligned} \right\} \tag{7-6}$$

式中：r_n, c_n 和 X_n, Y_n, Z_n 分别为像点和物点取值于区间 $[-1.0, 1.0]$ 的归一化坐标。由于有理函数模型是非线性模型，必须采用线性化处理结合迭代求解方法才能求取精确解[31]。

7.4.1　基于反解模型的三维重建

反解模型给出了从像点到物点的映射关系,因此可以直接对其进行泰勒展开,保留一次项得到如下线性近似形式:

$$X_n = \hat{X}_n + \frac{\partial X_n}{\partial Z_n} \Delta Z$$

$$Y_n = \hat{Y}_n + \frac{\partial Y_n}{\partial Z_n} \Delta Z$$

其中,$\hat{X}_n,\hat{Y}_n$ 分别为 X_n,Y_n 的近似值,根据 r_n,c_n,Z_n 的近似值计算得到,

$$\frac{\partial X_n}{\partial Z_n} = \frac{\frac{\partial p_5}{\partial Z} p_6 - \frac{\partial p_6}{\partial Z} p_5}{p_6^2}$$

$$\frac{\partial Y_n}{\partial Z_n} = \frac{\frac{\partial p_7}{\partial Z} p_8 - \frac{\partial p_8}{\partial Z} p_7}{p_8^2}$$

$$\frac{\partial p}{\partial Z} = a_1 + a_4 c_n + a_5 r_n + 2a_7 Z + a_{10} c_n r_n + 2a_{11} c_n Z + 2a_{12} r_n Z + a_{13} c_n^2 + a_{15} r_n^2$$
$$+ 3a_{17} Z^2$$

根据 p 和 p' 的坐标 (r_n,c_n) 和 (r'_n,c'_n) 以及物点的近似坐标 Z_n,可以计算得到两组物点坐标:

$$X_n = \hat{X}_n + \frac{\partial X_n}{\partial Z_n} \Delta Z$$

$$Y_n = \hat{Y}_n + \frac{\partial Y_n}{\partial Z_n} \Delta Z$$

$$X_n = \hat{X}'_n + \frac{\partial X'_n}{\partial Z_n} \Delta Z$$

$$Y_n = \hat{Y}'_n + \frac{\partial Y'_n}{\partial Z_n} \Delta Z$$

联立两组方程组,并消去 X_n 和 Y_n 后得到如下误差方程式:

$$\begin{bmatrix} V_X \\ V_Y \end{bmatrix} = \begin{bmatrix} \frac{\partial X_n}{\partial Z_n} - \frac{\partial X'_n}{\partial Z_n} \\ \frac{\partial Y_n}{\partial Z_n} - \frac{\partial Y'_n}{\partial Z_n} \end{bmatrix} [\Delta Z] - \begin{bmatrix} \hat{X}_n - \hat{X}'_n \\ \hat{Y}_n - \hat{Y}'_n \end{bmatrix}$$

根据上述方程组可以获得 ΔZ 的最小二乘解:

$$\Delta Z = \frac{[(\hat{X}_n - \hat{X}'_n) W_X (\frac{\partial X_n}{\partial Z_n} - \frac{\partial X'_n}{\partial Z_n}) + (\hat{Y}_n - \hat{Y}'_n) W_Y (\frac{\partial Y_n}{\partial Z_n} - \frac{\partial Y'_n}{\partial Z_n})]}{[W_X (\frac{\partial X_n}{\partial Z_n} - \frac{\partial X'_n}{\partial Z})^2 + W_Y (\frac{\partial Y_n}{\partial Z_n} - \frac{\partial Y'_n}{\partial Z_n})^2]} \tag{7-7}$$

式中:W_X,W_Y 分别为 X 和 Y 的权重。获取 ΔZ 后就可以对 Z_n 的近似值进行修正,然后据此计算新的修正值,如此迭代直至收敛为止。

综上所述,给定 p 和 p' 的坐标(r_n,c_n) 和 (r'_n,c'_n),基于反解模型的三维重建过程如下:

(1)确定高程值 Z_n 的一个近似值。对于归一化坐标范围$[-1.0,1.0]$,通常取其中值 0 作为近似值。

(2)利用公式(7-7)计算 ΔZ,然后修正高程值得到 $Z_n=Z_n+\Delta Z$。

(3)迭代执行第 2 步,直至高程值收敛到某一个确定值,即 ΔZ 小于给定的限差为止,或者迭代次数达到给定的最大迭代次数为止。

(4)根据最终 Z_n 以及(r_n,c_n) 和 (r'_n,c'_n),利用反解公式(7-6)计算$(\hat{X}_n,\hat{Y}_n)$ 和$(\hat{X}'_n,\hat{Y}'_n)$,然后以其平均值作为物点的重建坐标 $X_n=(\hat{X}_n+\hat{X}'_n)/2$,$Y_n=(\hat{Y}_n+\hat{Y}'_n)/2$。

7.4.2 基于正解模型的三维重建

类似的,可以对正解模型进行泰勒展开,得到线性近似形式。但是,立体像对的左、右影像可能采用不同的坐标偏移量和缩放系数对地面坐标进行归一化处理,因此必须在误差方程中引入归一化参数,才能保证使用原始物点坐标进行平差。对正解公式(7-5)进行泰勒展开并考虑如下归一化公式:

$$X_n=\frac{X-X_0}{X_S}$$

$$Y_n=\frac{Y-Y_0}{Y_S}$$

$$Z_n=\frac{Z-Z_0}{Z_S}$$

可以得到如下误差方程式

$$\begin{bmatrix} V_r \\ V_C \\ V_r' \\ V_c' \end{bmatrix} = \begin{bmatrix} \dfrac{\partial r/\partial Z}{Z_s} & \dfrac{\partial r/\partial Y}{Y_s} & \dfrac{\partial r/\partial X}{X_s} \\ \dfrac{\partial c/\partial Z}{Z_s} & \dfrac{\partial c/\partial Y}{Y_s} & \dfrac{\partial c/\partial X}{X_s} \\ \dfrac{\partial r'/\partial Z}{Z_s} & \dfrac{\partial r'/\partial Y}{Y_s} & \dfrac{\partial r'/\partial X}{X_s} \\ \dfrac{\partial c'/\partial Z}{Z_s} & \dfrac{\partial c'/\partial Y}{Y_s} & \dfrac{\partial c'/\partial X}{X_s} \end{bmatrix} \begin{bmatrix} \Delta Z \\ \Delta Y \\ \Delta X \end{bmatrix} - \begin{bmatrix} r_n-\hat{r}_n \\ c-\hat{c}_n \\ r'_n-\hat{r}'_n \\ c'_n-\hat{c}'_n \end{bmatrix}$$

其中,$\hat{r}_n,\hat{c}_n,\hat{r}'_n,\hat{c}'_n$ 为依据物点近似坐标计算得到的像点近似坐标,偏导数 $\dfrac{\partial r}{\partial Z}$,$\dfrac{\partial c}{\partial Z}$ 的计算公式如下:

$$\frac{\partial r}{\partial Z} = \frac{\frac{\partial p_1}{\partial Z}p_2 - \frac{\partial p_2}{\partial Z}p_1}{p_2^2}$$

$$\frac{\partial c}{\partial Z} = \frac{\frac{\partial p_3}{\partial Z}p_4 - \frac{\partial p_4}{\partial Z}p_3}{p_4^2}$$

其余各偏导数具有类似形式,可以采用同样方式推导得到。引入矩阵符号,可以将误差方程简记为:

$$V = AX - l$$

未知向量的最小二乘解为:

$$X = (A^T W A)^{-1} A^T W l \tag{7-8}$$

式中:W 为权矩阵。

下面介绍如何提供上面求解所需的地面点坐标近似值。忽略有理函数模型高次项因子而保留一次项因子,将有理函数模型简化为

$$r_n = \frac{e_0 + e_1 Z + e_2 Y + e_3 X}{f_0 + f_1 Z + f_2 Y + f_3 X}$$

$$c_n = \frac{g_0 + g_1 Z + g_2 Y + g_3 X}{h_0 + h_1 Z + h_2 Y + h_3 X}$$

其中,

$$e_0 = a_0 Z_s Y_s X_s - a_1 Z_0 Y_s X_s - a_2 Z_s Y_0 X_s - a_3 Z_s Y_s X_0$$

$$e_1 = a_1 Y_s X_s, e_2 = a_2 Z_s X_s, e_3 = a_3 Z_s Y_s$$

$$f_0 = b_0 Z_s Y_s X_s - b_1 Z_0 Y_s X_s - b_2 Z_s Y_0 X_s - b_3 Z_s Y_s X_0$$

$$f_1 = b_1 Y_s X_s, f_2 = b_2 Z_s X_s, f_3 = b_3 Z_s Y_s$$

$$g_0 = c_0 Z_s Y_s X_s - c_1 Z_0 Y_s X_s - c_2 Z_s Y_0 X_s - c_3 Z_s Y_s X_0$$

$$g_1 = c_1 Y_s X_s, g_2 = c_2 Z_s X_s, f_3 = c_3 Z_s Y_s$$

$$h_0 = d_0 Z_s Y_s X_s - d_1 Z_0 Y_s X_s - d_2 Z_s Y_0 X_s - d_3 Z_s Y_s X_0$$

$$h_1 = d_1 Y_s X_s, h_2 = d_2 Z_s X_s, h_3 = d_3 Z_s Y_s$$

其中,a_i, b_i, c_i, d_i 分别为多项式 p_1, p_2, p_3, p_4 相应因子的系数。根据上述简化模型可以列立如下误差方程式:

$$\begin{bmatrix} V_r \\ V_c \\ V_{r'} \\ V_{c'} \end{bmatrix} = \begin{bmatrix} e_1 - r_n f_1 & e_2 - r_n f_2 & e_3 - r_n f_3 \\ g_1 - c_n h_1 & g_2 - c_n h_2 & g_3 - c_n h_3 \\ e'_1 - r'_n f'_1 & e'_2 - r'_n f'_2 & e'_3 - r'_n f'_3 \\ g'_1 - c'_n h'_1 & g'_2 - c'_n h'_2 & g'_3 - c'_n h'_3 \end{bmatrix} \begin{bmatrix} Z \\ Y \\ X \end{bmatrix} - \begin{bmatrix} r_n f_0 - e_0 \\ c_n g_0 - h_0 \\ r'_n f'_0 - e'_0 \\ c'_n g'_0 - h'_0 \end{bmatrix}$$

引入矩阵符号,将误差方程简记为

$$V' = A'X' - l'$$

未知向量的最小二乘解为

$$X' = (A'^T W' A')^{-1} A'^T W' l' \qquad (7\text{-}9)$$

式中：W' 为权矩阵。

求解上述方程组即可得到未知向量，可作为地面点坐标的近似值。进行坐标归一化处理后，有理函数模型一次项因子占主导地位，实验表明上述近似模型能够提供良好的近似作用，求解未知数向量能够作为地面点坐标的良好近似值。

综上所述，给定 p 和 p' 的坐标 (r_n, c_n) 和 (r'_n, c'_n)，基于正解模型的三维重建过程如下：

(1)确定地面点坐标 X, Y, Z 的近似值。通常通过求解方程组(7-9)得到。

(2)利用公式(7-8)计算 $\Delta X, \Delta Y, \Delta Z$，然后修正高程值得到 $X = X + \Delta X, Y = Y + \Delta Y, Z = Z + \Delta Z$。

(3)迭代执行第 2 步，直至地面点坐标收敛到某确定值，即 $(\Delta X, \Delta Y, \Delta Z)$ 小于给定的限差为止，或者迭代次数达到给定的最大迭代次数为止。

7.5　小　结

本章介绍利用线阵 CCD 传感器所获取影像恢复地表三维信息的理论和方法，分别针对线性成像模型、基于仿射变换的成像模型和基于有理函数模型的成像模型等三种成像模型，介绍三维重建的方法和计算步骤。

第 8 章　立体匹配

立体匹配通过比较立体图像以建立立体像对的像点对应关系,即确定同名像点。像点对应关系建立之后,可以利用前方交会方法确定像点所对应物点的空间位置,实现三维重建。因此,立体匹配是三维重建的基础和前提。传感器获取影像是三维空间到二维平面的投影过程,立体匹配和三维重建旨在利用二维图像恢复场景三维信息,可以看作投影的逆过程。由于场景三维信息在投影过程中丢失,像点对应关系的建立缺乏明确依据,立体匹配是一个病态问题。长期以来,心理学、计算机视觉以及摄影测量等领域的学者针对立体匹配问题开展了广泛深入的研究,在某些方面已经取得很大进展,譬如,摄影测量领域已经将立体匹配方法集成到数字摄影测量系统中,并应用于生产实践,取得良好社会和经济效益。但是,目前学术界仍然没有揭示人眼和人脑观察物体的机理,不能给立体匹配提供良好的理论基础和模型,目前的立体匹配方法缺乏统一有效的理论模型,立体匹配还是上述领域的研究难点和热点。在过去几十年中,人们设计了大量立体匹配方法,总体上可以分为密集匹配和特征匹配两大类。本章首先回顾和评述现有立体匹配方法,然后分别介绍密集匹配和特征匹配两大类立体匹配方法。

8.1　立体匹配研究概述

立体匹配是摄影测量、计算机视觉、生理学以及心理学等众多学科共同关注的研究课题。人们从不同角度出发对立体匹配问题进行研究探索,提出和设计了大量立体匹配方法。这些研究工作不但推动立体匹配问题理论研究不断前进,而且成功应用于相关领域并促进相关领域迅猛发展。本节回顾立体匹配问题的研究历史和求解方法。

8.1.1　立体匹配的研究历史

1. 心理生理学领域
心理生理学领域侧重于研究立体视觉的心理和生理机制,为立体视觉的模拟提供基础,进而为立体匹配提供可靠模型。

这一领域的研究历史可以回溯到 1838 年。当时,人们发明立体镜并凭借立体镜看到深度景观、发现双眼视差,从而开拓立体视觉研究领域。20 世纪 60 年代,双眼驱动细胞的发现以及计算机产生的随机点立体图的发明标志着立体视觉研究进入新阶段。40 多年来,心理物理学、神经生理学以及医学等领域的研究取得令人瞩目的进展。在心理物理学方面,研究认为视觉的形成过程主要包括两个阶段:第一阶段首先抽取双眼物像中的某种基元,然后进行基元匹配并检测出视差信息,第二阶段从所获得的视差信息中感知深度,形成立体视觉。在神经生理学方面,研究认为来自双眼的视觉信息在很早的阶段就发生汇合,视差是产生立体视觉的充分条件,深度感知的神经机制一定发生在对形状感知之前。研究的主要目标是确定与视觉刺激传入相应的中枢区域。这些研究成果不断揭示立体视觉机制,促进立体匹配的研究和模拟[2]。

2. 计算机视觉领域

计算机视觉领域的研究侧重于模拟人眼的立体视觉功能,研究立体匹配问题表述和求解的理论和方法。

20 世纪 70 年代末,马尔(Marr)系统概括了心理物理学、神经生理学及临床神经病理学等方面取得的重要成果,提出立体视觉的计算理论[22]。他将立体视觉过程分为 5 个步骤,并给出唯一性(uniqueness)和连续性(continuity)约束,为后续研究奠定了基础。之后,Grimson 在计算机上实现了 Marr 的理论并使用随机点立体图及真实图像测试了理论模型的有效性,随后又增加轮廓线连续的约束并改进了实现版本。在立体视觉计算理论的基础上,很多学者增加或改进一些机制、约束,提出不同方法。20 世纪 80 年代初,Barnard 等归纳和剖析已有立体视觉方法,认为立体视觉方法通常执行图像获取、相机建模、特征提取、图像匹配、深度确定和内插等六个步骤,对后续研究产生很大影响[8]。20 世纪八九十年代,人们对视图几何关系问题开展了全面、深入的研究,取得了突破性进展,对立体视觉研究产生深远影响,也推动了立体匹配的研究[17]。

3. 摄影测量领域

摄影测量领域侧重于研究航空影像的立体匹配方法,设计算法自动搜索确定同名像点,为场景的三维重建、DEM 的生产提供高效方法。

早在 20 世纪初,维也纳军事地理所就按奥雷尔的思想制成了立体自动测图仪,成功模拟立体视觉的几何过程。通过在不同视点拍摄待测物体的像片,利用立体测图仪实现摄影过程的几何反演,测量地形或非地形的三维位置,立体测图仪主要使用电子相关器搜索确定同名像点。之后,摄影测量经历了模拟阶段和解析阶段,进入了数字阶段,数字摄影测量系统利用数字相关技术搜索确定同名像点。随后,人们设计特征匹配和关系匹配等算法用以搜索确定同名像点,提高了匹配的可靠性,例如数字摄影测量系统 VirtuoZo 就集成了上述成果,可以自动生成数字高程模型(Digital Elevation Model)等。

实际上,上述三个领域的研究是相辅相成的。心理生理学领域的研究为计算机视觉和摄影测量领域的研究提供依据和基础,计算机视觉领域的研究可以反馈给心理生理学领域,也可以带动摄影测量领域的研究,摄影测量领域的研究则能刺激另外两个领域的研究。

8.1.2　立体匹配的表述和求解

在不同位置拍摄同一场景得到两幅(或多幅)立体图像,同一物点在各幅图像中都有成像点,它们称为对应点或同名像点。立体匹配的任务就是确定对应点,通常假设场景表面为朗伯漫反射表面,场景中各个小片区域的颜色不随观察方向变化而变化,因此在不同图像中具有相同颜色,即满足色彩恒性(Color Constancy)。基于这一假设,可以选择颜色相同的点作为对应点。

若场景表面为非朗伯表面,色彩恒性不满足,真正对应像素可能具有不同颜色,而非对应像素反而可能具有相同颜色。即使场景表面为朗伯表面,由于图像获取过程往往会引入噪声,色彩恒性也可能不满足。即使色彩恒性得到满足,不同场景点也可能具有相同颜色,匹配结果往往存在歧义。由此可见,立体匹配是病态问题,仅仅依据颜色选择对应点并不可靠,必须结合其他信息确定对应点。一般而言,可以对场景作一定先验假设,在此基础上可以构造条件约束求解,消除匹配的歧义,常见的约束条件有如下几种:

1. 唯一性

唯一性假设认为物理表面上给定点在任一时刻都具有唯一确定的空间位置,在此假设基础上所构造的唯一性约束是指一幅图像中的任意点只能与另一图像中的一个点相对应,图像中任意点只能有唯一确定的视差。

2. 连续性

连续性假设认为被观察物质具有内聚性,可以被分为若干物体,相对于物体离相机的距离而言,每个物体的表面是连续的。在此假设基础上所构造的连续性约束指在物体内部区域,视差连续变化,视差场分片连续。

3. 有序性

有序性约束指像点的排列顺序与其同名像点的排列顺序相同,即像点的排列顺序在各幅立体图像中保持不变,与其对应物点的顺序一致。这实际上是在唯一性假设和场景非透明假设基础上构造的约束条件。

4. 核线几何约束

核线几何约束是在立体图像核线几何基础上构造的约束条件,即一个像点的同名像点必然落在该像点的核线上。核线几何约束将同名像点的可能位置从二维空间限定为一维空间。

在对场景作各种假设基础上,得到了上述约束条件,这些约束条件能够限定对应问题的解空间,消除匹配歧义,从而使匹配问题求解成为可能。

8.1.3 立体匹配方法的分类

人们采用不同理论和方法从不同角度对立体匹配问题进行了研究,设计了大量匹配方法。可以采用不同准则对立体匹配方法进行分门别类,譬如,根据所用立体图像的数目可以将立体匹配方法分为两帧匹配方法和多帧匹配方法,本章依据需要确定对应点的待匹配对象不同将立体匹配方法分为密集匹配和特征匹配两大类。

1. 密集匹配

密集匹配旨在为每个像素确定对应像素,建立密集对应场。密集对应场往往呈规则分布,通常直接以图像像素格网为参照,不同格网点之间邻接关系简单明了,易于描述,便于在立体匹配过程中利用。这样建立的密集对应场比内插方法建立的密集对应场更加可靠、精确。密集匹配往往忽略显著特征在匹配中的控制作用,降低匹配结果的可靠性。由于匹配对象非常稠密,数量非常巨大,密集匹配的计算量通常很大。

2. 特征匹配

特征匹配旨在建立稀疏图像特征之间的对应关系。图像特征包含丰富的纹理信息,具有很强的区分度,从而能够在匹配中发挥控制作用。图像特征呈稀疏分布,数目较少,因此特征匹配往往具有较高效率。但是,稀疏特征的不规则分布给特征之间相互关系的描述带来困难,不利于匹配过程中充分利用此类信息。稀疏特征的不规则分布给三维场景的描述带来困难,往往需要进行后处理以确切描述三维场景。后处理通常取稀疏特征为数据点,采用内插方法建立密集对应场,或者采用拟合方法确定一些先验几何模型的自由参数,实现几何模型的重建。内插和拟合方法以稀疏特征为数据,结果直接依赖于稀疏特征对应,不可靠的特征对应往往会产生不理想的结果。

8.2 密集匹配

密集匹配的目标是为呈密集分布的图像像素或格网点确定同名像点,像素或格网点通常呈均匀、规则分布,为理论表述和算法设计提供了便利基础。

8.2.1 密集匹配的表述

核线几何将同名像点的搜索空间从二维平面限定为一维直线,核线往往与图像扫描行不一致,沿着核线搜索同名像点需要重采样原始图像,对每一点都执行这种重采样是十分耗时的。通常先进行立体校正,使得核线与图像扫描行吻合,以简化同名像点搜索。

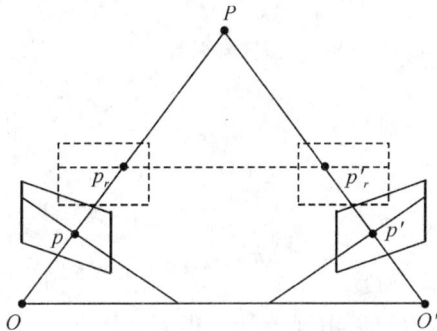

图 8-1 立体校正

如图 8-1 所示,立体校正将两幅图像投影变换到一个与摄影基线平行的平面上得到校正后的图像。由于每一个核面与校正后的图像平面的交线都平行于摄影基线,所有核线就相互平行,进一步选择像平面坐标系,可以使得核线平行于 x 坐标轴且两幅图像对应核线的 y 坐标相等。对于框幅式中心投影遥感影像,可以采用如下仿射变换实现立体校正:

$$x_r = a_{00}x + a_{01}y + a_{02}$$
$$y_r = a_{10}x + a_{11}y + a_{12}$$

式中:x,y 和 x_r,y_r 分别为像点校正前后的坐标。一般的,首先根据若干控制点求解仿射变换自由参数,然后对影像进行校正。

在完成立体校正后的立体影像中,核线与扫描行吻合,同一扫描行上所有点的同名像点位于另一幅影像的同一扫描行上,同名像点的坐标满足如下关系:

$$x' = x - d(x,y)$$
$$y' = y$$

即 y 视差为 0,x 视差为 $d(x,y)$,是 (x,y) 的函数。图像中所有像点的视差构成视差场(disparity field),通常选择一幅图像作为参考图像,另一幅图像作为匹配图像,然后确定参考图像的视差场。

图 8-2 表示立体像对的一对扫描线,深度为 Z 的 P 点投影到左右两条扫描

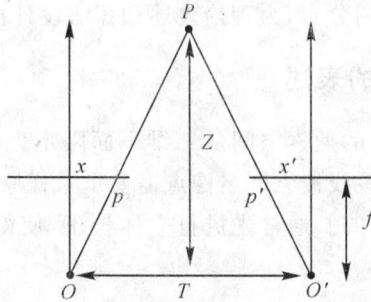

图 8-2 深度与视差的关系

线上的 p 和 p' 点,坐标分别为 x 和 x',视差为 $d=x-x'$,相机焦距为 f,根据相似三角形原理有:

$$\frac{Z}{T}=\frac{f}{d}$$

上式表明,给定点的深度 Z 与其视差 d 存在一一对应关系,视差可以由深度计算而得;反之,深度也可以由视差计算得到。因此,立体匹配中经常使用深度图(depth map)和视差场两种表达形式,它们很容易进行相互转换。深度增加,视差减小,无穷远场景点的视差为 0,最近的场景点视差最大,不妨记为 D_{max},任意点的视差 d 取值范围为 $D_s=[0,D_{max}]$。在立体匹配中,通常以像素为单位将上述视差范围离散化为:

$$D_s=[d_i|0=d_0<d_1<\cdots<d_n=D_{max}]$$

匹配目标就是建立图像空间到这个离散视差值空间的映射,也就是说,为参考图像中每个像素 p 确定 D_s 中的一个视差值。

在色彩恒性假设基础上,同名像点具有相同颜色,因此可以在给定视差范围内选择颜色最相似点作为同名像点。在关于场景的进一步假设基础上,同名像点的视差具有唯一性、视差场具有连续性以及有序性等约束。因此,立体匹配问题可以表述为:在唯一性、连续性以及有序性等约束条件下恢复图像视差场(即图像空间到视差值空间的映射),使得同名像点具有尽可能接近的颜色。

8.2.2 密集匹配的四个计算步骤

本质上,各种密集对应算法都在上述约束条件下比较两幅或多幅图像中像素的颜色以确定图像视差场。Scharstein 和 Szeliski 对密集立体匹配方法作了剖析,认为密集匹配方法通常都执行如下 4 个步骤[28]:

1. 计算匹配代价

匹配代价指匹配两个像素所需的代价,一般根据两个像素的颜色相似程度计算而得,颜色越接近则代价越小;反之则越大。通常将整幅图像的匹配代价储存在三维代价矩阵 C_0 中,其中两维表示图像平面坐标 (x,y),另一维表示视差 d,每个矩阵元素 (x,y,d) 所储存匹配代价表示像素 $p(x,y)$ 取视差值 d 的代价,即左右两幅影像中两个像素 $p(x,y)$ 和 $p'(x-d,y)$ 的匹配代价:

$$C_0(x,y,d)=\rho(I(x,y),I'(x-d,y))$$

式中:$I(x,y)$ 和 $I'(x-d,y)$ 分别为参考图像中像素 $p(x,y)$ 和匹配图像中像素 $p'(x-d,y)$ 的颜色,$\rho(I,I')$ 是依据颜色相似程度定义的匹配代价,常见的有灰度差的平方,灰度差的绝对值等等。

2. 积聚匹配代价

匹配代价积聚采用 2 维或 3 维滤波器对匹配代价矩阵进行滤波,即计算

$$C(x,y,d)=w(x,y,d)\times C_0(x,y,d)$$

式中:$w(x,y,d)$ 为滤波核。

滤波将相邻像素的匹配代价积聚到中心像素的匹配代价,实现相邻像素匹配代价之间的相互平均,不但反映连续性假设,而且可以减少噪声等影响。滤波的方式有两种:一种方式以目标像素为中心取一个长方形或正方形窗口,以窗口内各像素匹配代价的平均值作为目标像素的积聚结果。另一种方式为迭代扩散,将所有像素的匹配代价叠加到其邻近像素的匹配代价上,并逐步迭代以扩散影响区域,以此实现空间滤波。

3. 计算和优化视差场

依据匹配代价矩阵计算视差场 $d(x,y)$ 并对其进行优化,总体上有局部方法和全局方法两大类,局部方法直接根据匹配代价矩阵 $C(x,y,d)$ 计算视差场 $d(x,y)$,选择代价最小的视差值作为每个像素的视差值,全局优化方法根据代价矩阵及视差场先验信息构造和优化如下能量函数以确定视差场 $d(x,y)$。

$$E(d)=E_{data}(d)+E_{smooth}(d)$$

式中:$E_{data}(d)$ 由代价矩阵计算而得,反映立体图像在视差场作用下的匹配程度,$E_{smooth}(d)$ 依据视差场计算而得,反映视差场的连续性等先验信息。

4. 精确调整视差场

调整前面得到的视差场以更加准确地逼近真实视差场。一方面,利用上一阶段计算得到的视差场,采用内插、拟合等方法重新估计每个像素的视差值,以达到子像素级别的精度。另一方面,对计算所得视差场作后处理,包括遮挡像素的检测及其视差的恢复等。

并非所有算法都执行上述 4 个步骤,而且它们的界限也不是非常明确,譬如,有些方法将匹配代价计算和代价积聚过程合为一体,有些方法利用整体优化实现相邻像素相互作用,而跳过代价积聚步骤。

8.2.3 相似性度量

相似性度量是定义匹配代价的基础,摄影测量领域常用差绝对值和、差平方和、相关系数以及协方差等相似性判据,它们通常定义在两块图像的灰度值基础上。不失一般性,假设像素 $p(x,y)$ 和 $p'(x',y')$ 为参考图像和匹配图像中两个像素,以该像素为中心的 $2m+1$ 行 $2n+1$ 列的图像窗口构成目标窗口,可以根据两个窗口中的像素灰度值定义相似性度量。

1. 差绝对值和

差绝对值和判据首先对两个窗口内对应像素灰度值作差,然后求取它们的绝对值之和,以此作为对应像素的相似度,其计算公式为:

$$SAD(p,p')=\sum_{i=-m}^{m}\sum_{j=-n}^{n}|I(x+j,y+i)-I'(x'+j,y'+i)|$$

式中:$I(x,y)$ 和 $I'(x',y')$ 分别为参考图像中像素 $p(x,y)$ 和匹配图像中像素 $p'(x',y')$ 的颜色。

2. 差平方和

差平方和判据首先对两个窗口内对应像素灰度值作差,然后求取它们的平方和,以此作为对应像素的相似度,其计算公式为:

$$SSD(p,p')=\sum_{i=-m}^{m}\sum_{j=-n}^{n}(I(x+j,y+i)-I'(x'+j,y'+i))^2$$

式中的符号含义同上。

3. 协方差

协方差判据首先将窗口内像素灰度值排列得到一维向量,然后求取两个向量的协方差,以此作为对应像素的相似度,其计算公式为:

$$\sigma(p,p')=\sum_{i=-m}^{m}\sum_{j=-n}^{n}(I(x+j,y+i)-\bar{I})(I'(x'+j,y'+i)-\bar{I}')$$

$$\bar{I}=\frac{1}{(2m+1)\cdot(2n+1)}\sum_{i=-m}^{m}\sum_{j=-n}^{n}I(x+j,y+i)$$

$$\bar{I}'=\frac{1}{(2m+1)\cdot(2n+1)}\sum_{i=-m}^{m}\sum_{j=-n}^{n}I'(x'+j,y'+i)$$

式中的符号含义同上,$\bar{I}$ 和 $\bar{I}'$ 分别为两个窗口内影像的灰度平均值。

4. 相关系数

相关系数判据首先将窗口内像素灰度值排列得到一维向量,然后求取两个向量的相关系数,以此作为对应像素的相似度,其计算公式为:

$$\rho(p,p')=\frac{\sigma_{I,I'}}{\sqrt{\sigma_{I,I}\cdot\sigma_{I',I'}}}$$

$$\sigma_{I,I'} = \sum_{i=-m}^{m} \sum_{j=-n}^{n} (I(x+j,y+i)-\bar{I})(I'(x'+j,y'+i)-\bar{I}')$$

$$\sigma_{I,I'} = \sum_{i=-m}^{m} \sum_{j=-n}^{n} (I(x+j,y+i)-\bar{I})(I(x+j,y+i)-\bar{I})$$

$$\sigma_{I',I'} = \sum_{i=-m}^{m} \sum_{j=-n}^{n} (I'(x'+j,y'+i)-\bar{I}')(I'(x'+j,y'+i)-\bar{I}')$$

$$\bar{I} = \frac{1}{(2m+1) \cdot (2n+1)} \sum_{i=-m}^{m} \sum_{j=-n}^{n} I(x+j,y+i)$$

$$\bar{I}' = \frac{1}{(2m+1) \cdot (2n+1)} \sum_{i=-m}^{m} \sum_{j=-n}^{n} I'(x'+j,y'+i)$$

式中的符号含义同上。

前两个判据计算简单,后两个判据考虑窗口像素灰度值的整体变化,能够减弱灰度值整体变化带来的影响,相关系数还具有灰度线性不变的特性。此外,人们设计了大量的相似性度量,譬如,Birchfield 和 Tomasi 利用相邻像素的颜色确定一个线性函数,设计了一种对图像采样不敏感的匹配代价,得到了广泛应用[11]。

8.2.4 代价积聚方法

代价积聚对代价矩阵进行滤波,将相邻像素的匹配代价积聚到中心像素的匹配代价,模拟相邻像素之间的相互作用。总体上,代价积聚分为窗口平均和迭代扩散两种方式。

1. 窗口平均

这种方式通常以目标像素为中心取一个长方形或正方形窗口,然后求取窗口内各像素匹配代价的加权平均值,以此作为积聚结果,即

$$C(x,y,d) = w(x,y,d) \times C_0(x,y,d)$$

式中:$C_0(x,y,d)$ 和 $C(x,y,d)$ 分别为积聚前后的代价矩阵,$w(x,y,d)$ 为滤波核,表示窗口模板,其中每个元素表示模板内相应元素的权值,通过改变模板的权值分布可以调整窗口内各像素的贡献,上式表示三维滤波,固定视差维就可以实现更常用的二维滤波,这种做法假设窗口内所有像素具有相同的视差值。

在区域边界处,窗口跨越不同物体,不同像素往往具有不同视差值,平均处理往往得到不正确的积聚结果。为此,人们设计了移动窗口[12]及自适应窗口[19]等可变窗口,防止窗口跨越区域边界,改善区域边界像素的积聚质量。

实际上,前面的匹配代价已经包含了平均处理的成分,摄影测量领域中的影像相关方法基本属于这种方式,往往跳过代价积聚步骤。

2. 迭代扩散

这种方式将所有像素的匹配代价叠加到其邻近像素的匹配代价上,即采用

下式计算新的代价矩阵：

$$C(x,y,d) = (1-4\lambda)C(x,y,d) + \lambda \sum_{(j,i) \in N_4} C(x+j, y+i, d)$$

式中：$N_4 = \{(-1,0),(1,0),(0,-1),(0,1)\}$，表示最邻近像素组成的集合，逐步迭代上述计算过程可以将每个像素的匹配代价分摊给邻近像素，并且不断扩散影响区域。迭代扩散方式同样可以实现空间滤波，达到平均化效果[27]。

8.2.5 视差场计算方法

在完成匹配代价计算和代价积聚后，可以依据代价矩阵计算视差场。总体上，视差场计算方法可以分为局部方法和整体方法。

8.2.5.1 局部方法

局部方法依据每个像素周围的局部信息确定目标像素的视差值，局部方法通常采用赢家通吃（winner takes all）的策略为每个像素选择一个最佳视差值使得其匹配代价达到最小值，即

$$d(x,y) = \min_{d \in D_s} C(x,y,d)$$

虽然局部方法在这一阶段独立确定各个像素的最佳视差，但是，代价积聚阶段将周围像素的匹配代价积聚到中心像素的匹配代价上，使得每个像素的匹配代价包含了其邻近像素匹配代价的成分，因此，各个像素视差的确定存在一定程度的依赖性，并非完全独立。局部方法仅仅利用目标像素周围局部区域内像素的信息确定目标像素的视差值，没有施加视差场的整体约束，因而不能充分反映视差场的全局性质。特别的，局部方法能够保证参考图像上的所有像素有唯一确定的视差值，但不能保证匹配图像上像素有唯一确定的视差值，即唯一性约束条件仅在一个方向上得到满足。

由于没有涉及整体约束的构造和求解，局部方法计算量较小，匹配效率较高。由于各个像素视差值独立计算，具有很好的并行特性，因此可以采用并行计算的策略进一步提高匹配效率。

8.2.5.2 全局方法

全局优化方法根据匹配代价矩阵及视差场的先验信息构造全局目标函数，然后通过优化目标函数确定图像视差场 d。目标函数通常具有如下形式：

$$E(d) = E_{data}(d) + E_{smooth}(d)$$

其中，数据项 $E_{data}(d)$ 由代价矩阵依据下式计算而得

$$E_{data}(d) = \sum_{(x,y)} C(x,y,d(x,y))$$

数据项使得立体图像在视差场作用下尽可能相似。

光滑项 $E_{smooth}(d)$ 依据视差场先验信息采用下式构造而得

$$E_{smooth}(d) = \sum_{(x,y)} \rho(d(x,y)-d(x+1,y)) + \rho(d(x,y)-d(x,y+1))$$

式中：$\rho(d)$ 是 d 的单调递增函数。

光滑项描述相邻像素的相互作用，使得视差场尽可能连续分布。根据光滑项施加对象的差异，全局目标函数分为一维和二维目标函数。

一维目标函数是针对每条扫描行施加约束所构造的优化目标函数。根据有序性约束条件，可以将同名点搜索问题表述为分阶段决策问题，每个像素对应一个阶段。由于分阶段决策问题可以采用动态规划方法进行求解，因此可以采取动态规划方法优化一维目标函数。动态规划方法具有很高的求解效率，因此，一维目标函数及动态规划方法在立体匹配中得到广泛应用。一维目标函数仅包含同一扫描行内相邻像素的相互作用，忽略相邻扫描行之间的相互作用，相邻扫描行的视差计算结果存在明显不一致现象[23][10][9][12]。

二维目标函数是针对整幅图像的视差场施加约束所构造的优化目标函数。二维目标函数模拟不同方向上相邻像素的相互作用，弥补一维优化方法的缺陷，匹配质量较高，但二维目标函数的优化不能表述为分阶段决策问题，求解非常困难[26][18]。

实际上，上述目标函数的构造具有重要理论依据。如果将视差场描述为马尔科夫随机场（Markov Random Field），利用随机变量表示每个像素的视差值，以随机变量的相互依赖关系刻画相邻像素之间的相互作用，反映连续性等先验假设，那么密集匹配问题就归结为马尔科夫随机场的最大后验估计，可以转换为能量极小化问题，即上述目标函数优化问题。因此，问题的关键是能量函数的极小化。理论上，模拟退火方法可以求得最优解，但实际上，求解所得结果往往并不理想[15]，特别地，模拟退火法的时间复杂度为指数级别，求解效率非常低。迭代条件模式（iterated conditional modes）等其他优化方法的求解效果也不理想[14]。近年来，计算机视觉领域的研究人员引入图割算法（graph cut）和置信播算法（belief propagation），以此作为能量函数的优化方法。这两类方法不但能够求取很好的近似解，而且执行效率较高[33][29]。虽然这些方法在摄影测量领域还没有得到应用，但是它们具有很好的应用潜力，下面对此作概要介绍。

图割方法根据能量函数中每个因子的取值巧妙构造赋权图，建立起赋权图上的割与马尔科夫随机场的配置（即视差值）之间的对应关系，并使得最小割极小化目标函数，将能量极小化问题转换为赋权图的最小割问题，进而采用最大流算法求解问题[13]。当随机变量的取值空间含有多个变量时，问题转化为多路最小图割（multiway minimum cut）问题。多路图割是 NP 难问题，没有好的求解算法，为此，Boykov 等设计了交换（α-β-swap）算法和扩张（α-expansion）算法，两个算法能够比较高效的求取良好近似解，在计算机视觉领域已经得到广泛应用[14]。

置信传播算法采用消息传递机制实现能量极小化，根据能量函数中每个因子的取值设定相应消息（message）和置信度（belief），每个站点（像素）于每个变量值都有一个置信度，消息反映邻近站点变量取值对该站点变量取值的影响。每个站点从其邻近站点接收消息以调整其每个变量值的置信度，算法迭代传递消息以调整各站点每个变量值的置信度，不断减小能量值。当所有站点各个变量值的置信度趋于稳定时，算法选择置信度最大的变量值作为每个站点变量的取值[36]。

8.2.6 摄影测量领域的影像相关方法

在摄影测量领域，常用的影像相关方法就属于密集匹配方法。由于航空影像或卫星影像非常大，影像相关方法通常不使用代价矩阵以减少存储消耗，而且采用局部方法确定每个像素的视差值以加快计算速度。具体匹配过程为包括：

1. 选择待匹配点

根据需要确定待匹配点，或者为所有像素，或者为规则分布的格网采样点。

2. 搜索同名像点

对于参考影像中的待匹配点，以此为中心确定一个匹配窗口，然后在匹配影像中沿着核线在视差范围内搜索同名像点，每次以目标像点（即同名像点候选点）为中心确定一个匹配窗口，计算两幅影像中两个窗口影像的相似性度量，最后选择最相似点作为同名像点。

3. 重复上述过程

按照一定顺序遍历所有待匹配点，为所有待匹配点确定同名像点。

8.3 特征匹配

密集匹配方法直接以目标点为中心的窗口内影像灰度值为依据搜索同名像点，虽然在某些情况下能够获得较高的匹配质量，但在纹理变化平缓区域，容易产生错误的匹配结果，因为这些区域缺乏足够图像信息，不利于图像相似程度比较。实际上，一幅图像往往包括特征，图像特征具有丰富纹理信息，也具有较高区分度，有利于图像相似度比较。针对这些区域进行匹配往往产生正确的匹配结果。特征匹配就是基于图像特征的影像匹配方法，首先提取图像的明显特征，然后进行匹配以确定图像特征的对应点。

8.3.1 特征提取

图像特征包括点特征、线特征和面特征等,通常对应于一些明显地物特征。用于影像匹配的特征主要是点特征和线特征。

8.3.1.1 点特征

点特征对应于道路交叉口、房屋角点等,具有较高定位精度,在图像匹配中应用非常广泛。用于提取点特征的算子称为兴趣算子,提取的特征点称为兴趣点(Interest Point)。下面介绍几种常用的兴趣算子。

1. Moravec 算子

该算子逐像素计算相邻像素的灰度差,然后选择具有高反差的点作为兴趣点,具体计算步骤如下:

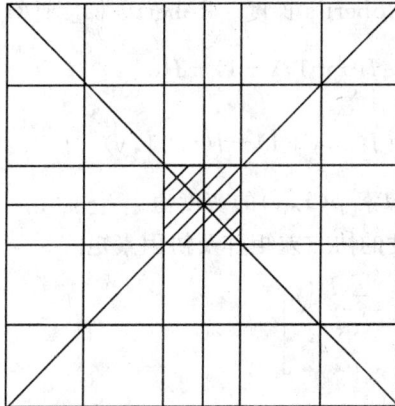

图 8-3   Moravec 算子计算窗口

(1)计算各像素的兴趣值。如图 8-3 所示,在以像素 $p(x,y)$ 为中心的窗口内沿着图示方向计算相邻像素灰度差的平方和,选择最小者作为该像素的兴趣值:

$$IV = \min\{V_1, V_2, V_3, V_4\}$$
$$V_1 = \sum_{i=-k}^{k-1} (I(x+i,y) - I(x+i+1,y))^2$$
$$V_2 = \sum_{i=-k}^{k-1} (I(x+i,y+i) - I(x+i+1,y+i+1))^2$$
$$V_3 = \sum_{i=-k}^{k-1} (I(x,y+i) - I(x,y+i+1))^2$$
$$V_4 = \sum_{i=-k}^{k-1} (I(x+i,y-i) - I(x+i+1,y-i-1))^2$$

式中:$I(x,y)$为图像中像素 $p(x,y)$的灰度值。窗口大小为$(2k+1)\times(2k+1)$,常选 5×5 窗口。

(2)确定待定兴趣点。给定一个阈值,如果兴趣值大于阈值,则将该像素作为候选兴趣点。

(3)抑制局部非最大。在一定大小(如 $5\times5,7\times7,9\times9$)的窗口内,保留兴趣值最大的像素,并作为最终兴趣点。这一步目的在于避免在纹理丰富的区域产生束点。该步骤的窗口取决于所需兴趣点的密度。

实际上,Maravec 算子是在四个主要方向上选择具有最大最小灰度方差的点作为特征点。

2. Förstner 算子

该算子逐像素计算 Robert's 梯度,据此计算协方差矩阵,然后计算误差椭圆,选择使误差椭圆尽可能小而圆的点作为兴趣点,具体计算步骤如下:

(1)计算各像素的 Robert's 梯度。Robert's 梯度计算公式为:

$$I_u(x,y)=\frac{\partial I}{\partial u}=I(x+1,y+1)-I(x,y)$$

$$I_v(x,y)=\frac{\partial I}{\partial v}=I(x,y+1)-I(x+1,y)$$

式中:$I(x,y)$为图像中像素 $p(x,y)$的灰度值。

(2)计算窗口中灰度的协方差矩阵及协因素矩阵。

$$N=\begin{bmatrix} \sum\limits_{(x,y)} I_u^2 & \sum\limits_{(x,y)} I_u I_u \\ \sum\limits_{(x,y)} I_v I_u & \sum\limits_{(x,y)} I_v^2 \end{bmatrix}$$

$$Q=N^{-1}$$

式中:求和运算在窗口内进行,常选 5×5 窗口。

(3)计算兴趣值 q 和 w。计算公式为:

$$q=\frac{4\mathrm{Det}(N)}{(\mathrm{tr}(N))^2}$$

$$w=\frac{1}{\mathrm{tr}(Q)}=\frac{\mathrm{Det}(N)}{\mathrm{tr}(N)}$$

式中:$\mathrm{Det}(N)$表示矩阵 N 的行列式,$\mathrm{tr}(N)$表示矩阵 N 之迹,q 表示窗口中心像素对应误差椭圆的圆度,即

$$q=1-\frac{(a^2-b^2)^2}{(a^2+b^2)^2}$$

式中:a 与 b 分别为误差椭圆的长短半径。w 为该像素的权。

(4)确定待选点。

$$T_q = 0.5 \sim 0.75$$

$$T_w = \begin{cases} f w_{mean} & f = 0.5 \sim 1.5 \\ c w_{med} & c = 5 \end{cases}$$

式中：w_{mean} 分别为图像中所有像素权值之平均值，w_{med} 为图像中所有像素权值之中位数。

(5)抑制局部非最大。在一定大小(如 $5 \times 5, 7 \times 7, 9 \times 9$)的窗口内，保留兴趣值最大的像素，并作为最终兴趣点。

除上述两个算子外，还有 Hannah 算子、Harris 算子等著名算子，本质上，这两个算子与 Förstner 算子是相同的，故不在此介绍。

8.3.1.2　线特征

线特征对应于线状地物或面状地物的边界，在影像中常表现为灰度变化的不连续性，如灰度突变、纹理结构突变等，称为影像边缘。用于提取影像边缘的算子称为边缘检测算子。下面介绍几种常用的边缘检测算子。

1. 梯度算子

梯度算子是最简单的边缘检测算子，源自梯度概念。对于二维连续函数 $f(x,y)$，(x,y) 处的梯度定义为一个矢量：

$$G[f(x,y)] = \begin{bmatrix} \dfrac{\partial f}{\partial x} \\ \dfrac{\partial f}{\partial y} \end{bmatrix}$$

式中：$\dfrac{\partial f}{\partial x}$ 和 $\dfrac{\partial f}{\partial y}$ 分别为梯度在 x 和 y 两个方向上的分量，即两个方向上的变化率。

梯度幅值为：

$$L = \sqrt{\left(\dfrac{\partial f}{\partial x}\right)^2 + \left(\dfrac{\partial f}{\partial y}\right)^2}$$

方向为：

$$\theta = \arctan\left(\dfrac{\partial f}{\partial y} \Big/ \dfrac{\partial f}{\partial x}\right)$$

对于数字影像，则将上述微分运算换成差分运算，

$$G[f(i,j)] = \begin{bmatrix} d_x f \\ d_y f \end{bmatrix} = \begin{bmatrix} f(i+1,j) - f(i,j) \\ f(i,j+1) - f(i,j) \end{bmatrix}$$

梯度幅值为：

$$L = \sqrt{(d_x f)^2 + (d_y f)^2}$$

方向为：

$$\theta = \arctan(d_y f / d_x f)$$

实际计算常采用简化公式计算梯度幅值：

$$L = |d_x f| + |d_y f| = |f(i+1,j) - f(i,j)| + |f(i,j+1) - f(i,j)|$$

如果给定像素处的梯度幅值大于给定的阈值，则说明该像素处有明显的灰度变化，该像素为边缘像素。

2. 拉普拉斯（Laplace）算子

拉普拉斯算子是二阶微分算子。对于二维连续函数 $f(x,y)$，拉普拉斯算子定义为：

$$\nabla^2 f(x,y) = \frac{\partial^2 f}{\partial x^2} + \frac{\partial^2 f}{\partial y^2}$$

式中：$\frac{\partial^2 f}{\partial x^2}$ 和 $\frac{\partial^2 f}{\partial y^2}$ 分别为 f 对 x 和 y 的二阶导数。

对于数字影像，则将上述微分运算换成差分运算：

$$\nabla^2[f(i,j)] = (f(i+1,j) - f(i,j)) - (f(i,j) - f(i-1,j)) + (f(i,j+1) - f(i,j)) - (f(i,j) - f(i,j-1))$$

在边缘处，灰度函数的一阶导数达到最大值，二阶导数达到零点，符号发生变化。如果给定像素处拉普拉斯运算结果为零，则说明该像素为边缘像素，拉普拉斯运算结果为零的点称为零交叉（Zero-crossing）点。

3. 高斯—拉普拉斯（LOG）算子

由于差分算子对噪声很敏感，往往首先进行低通滤波以降低噪声影响，然后进行微分运算。高斯—拉普拉斯算子首先采用高斯滤波器对图像进行滤波，然后利用拉普拉斯算子进行高通滤波并提取零交叉点。高斯滤波函数为：

$$g(x,y) = \exp(-\frac{x^2 + y^2}{2\sigma^2})$$

低通滤波结果为：

$$g(x,y) * f(x,y)$$

再经拉普拉斯算子处理得：

$$G(x,y) = \nabla^2(g(x,y) * f(x,y))$$

实际上，

$$\nabla^2(g(x,y) * f(x,y)) = \nabla^2(g(x,y)) * f(x,y)$$

其中，

$$\nabla^2(g(x,y)) = \frac{x^2 + y^2 - 2\sigma^2}{\sigma^2} \exp(-\frac{x^2 + y^2}{2\sigma^4})$$

所以，高斯—拉普拉斯运算就是以 $\nabla^2(g(x,y))$ 为卷积核对图像进行卷积运算，卷积核不依赖于图像，可以预先计算得到。

4. 特征分割法

这种方法将特征定义为由三个特征点组成的一个特征段。如图 8-4 所示，三个特征点中，Z 为特征段中的零交叉点，即一阶差分最大点，S_1 和 S_2 为特征段两端相对于零交叉点具有最大灰度变化的拐点。每个特征段包括如下一组描述参数：三个特征点的序号，零交叉点 Z 处的梯度以及两个拐点的灰度差。特征段作为匹配基元直接应用于影像匹配。

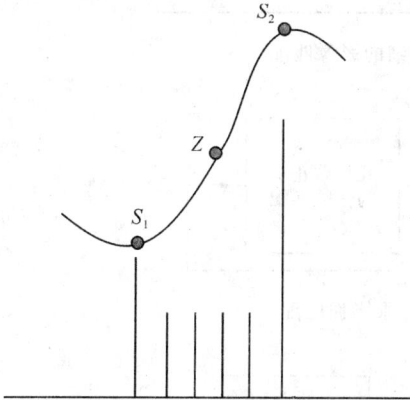

图 8-4　一维特征段

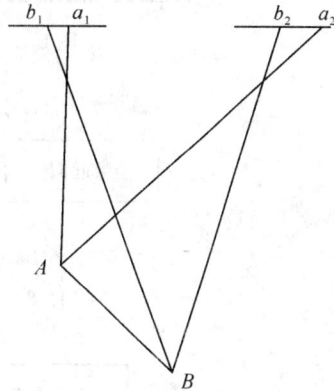

图 8-5　几何变形

8.3.2　特征匹配

特征匹配又称为基于特征的匹配，在提取显著影像特征基础上，特征匹配通过比较特征相似性确定影像特征的对应特征或像素。特征匹配方法受影像特征类型、特征描述方法，特征对应搜索策略等因素影响，种类繁多，但目前尚无有效的分类方法，也没有统一的理论框架。下面介绍几种在摄影测量领域中得到广泛应用的特征匹配方法。

1. 跨接法

如图 8-5 所示，场景中线段 AB 在左、右影像中分别成像于两条线段，由于摄影位置和方向的差异，两条线段具有不同长度，此即影像的几何变形。逐像素比较两段影像不能建立正确的像素对应关系，从而很难产生正确的匹配结果。如果能改正影像几何变形，使得两段影像的像素数目相同，则可以建立正确的像素对应关系。由粗到细方法首先不顾及几何变形进行粗相关，然后利用粗相关结果作几何改正，并由粗到细迭代执行上述过程，其计算过程如图 8-6 所示。最小二乘影像匹配方法将影像匹配与几何改正统一在一个模型之中，利用迭代方法求解模型参数，其计算过程如图 8-7 所示。这两种方法都需要执行一个迭代过程。

跨接法是张祖勋提出的一种能够处理影像几何变形的特征匹配方法[4]，如图 8-8 所示，跨接法首先进行几何改正，然后进行影像匹配，避免了迭代计算过程。

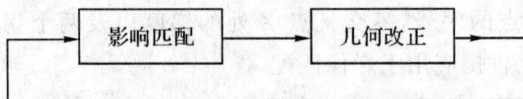

图 8-6　由粗到细的影像匹配

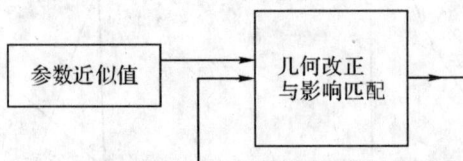

图 8-7　最小二乘影像匹配

图 8-8　跨接法影像匹配

（1）特征提取

利用特征分割方法提取每行影像的特征，每个特征为包含一个"刀刃"曲线的影像段。

（2）构成跨接法匹配窗口

一般方法以目标点为中心选择匹配窗口，在确定匹配窗口时无法考虑影像之间的几何变形。为克服上述缺陷，跨接法采取新的策略构造匹配窗口，即选择两个特征分别作为窗口的左右边界，将两个特征所界定的区域定义为匹配窗口，图 8-9 给出了一维窗口的构成示意图，由相互邻接的多条核线上一维窗口可以构成二维窗口。如图 8-9 所示，所选的两个特征可能相邻也可能不相邻。窗口大小取决于所选择特征的位置，依赖于图像纹理结构。这种窗口具有自适应特性，因而更具合理性。

（3）影像几何改正

在构造上述窗口的基础上，可以对匹配窗口内的图像进行重采样以改正几何变形。首先，固定参考影像（左方影像）中的匹配窗口，然后，对匹配影像（右方影像）中匹配窗口内的影像进行重采样，使得重采样后匹配影像窗口与参考影像

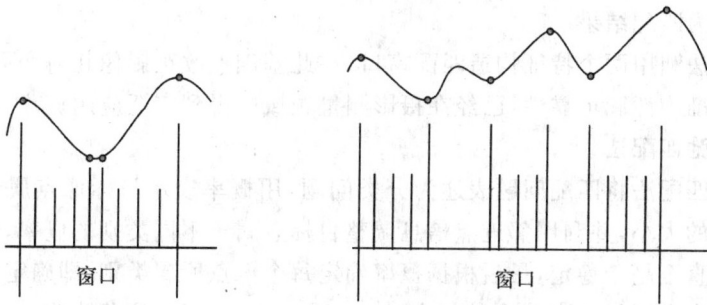

图 8-9　跨接法匹配窗口的结构

窗口具有相等的像素数目,这样就实现了影像几何改正。在此基础上,可以采用影像相关方法比较两幅影像中匹配窗口内影像的相似程度。

(4)跨接法影像匹配

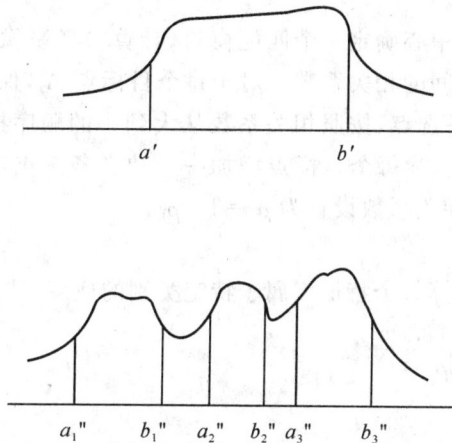

图 8-10　跨接法影像匹配

　　首先,在参考影像中选择两个特征,由此确定目标影像段。其次,在匹配影像中选择与目标影像段两端特征相似程度高的特征作为候选特征,并由候选特征确定候选影像段。然后,对候选影像段进行重采样使其与目标影像段具有相同长度。最后,采用影像相关方法比较候选影像段与目标影像段的相似度,选择最相似的作为匹配影像段。如图 8-10 所示,在参考影像中确定了 $a'b'$ 作为目标影像段,在匹配影像中确定如下候选影像段:

$$a_i''b_j''(i,j=1,2,3)N_j > N_i$$

式中:N_i,N_j 分别为 a_i'',b_j'' 的像素序号,最终选择与目标影像段最相似的候选影像段作为匹配结果。

跨接法利用两个特征构造匹配窗口,在此基础上改正影像几何变形,提高影像匹配的准确性和可靠性,已经在摄影测量领域中得到广泛应用。

2.松弛匹配法

松弛匹配法将匹配问题表述为分类问题,用概率表示目标像点属于不同类别可能性的大小,并利用邻近点信息调整目标点属于不同类别的概率,然后迭代调整概率直至趋于稳定,最后根据概率确定每个像点所属类别,即确定对应点。

假设参考影像中有 n 个特征点 $A_i(i=1,\cdots,n)$,匹配影像中有 m 个特征点 $C_i(i=1,\cdots,m)$,将参考影像中的特征点看作目标点,将匹配影像中的每个特征点对应于一个类别,记 $A_i \in C_s$ 的概率为 p_{is},用相容系数 $c(i,s;j,t)$ 表示相邻目标点属于各自类别 $(A_i \in C_s,A_j \in C_t)$ 的概率相容性。松弛匹配法包括如下执行步骤:

(1)计算相关系数

以每个特征点为中心确定一个匹配窗口,计算参考影像每个特征点与匹配影像中每个特征点之间的相关系数。对于每个目标点 A_i,保留几个相关系数较大的匹配点 C_s 作为备选点,按照相关系数从大到小的顺序排列备选点,相关系数分别记为 $\rho_1,\rho_2,\cdots$。为每个目标点增加一个缺省备选点,用以表示该目标点没有对应点,并将其相关系数设置为 $\rho_0 = 1 - \rho_1$。

(2)计算初始概率

根据相关系数计算每个特征点属于特定类别的概率,计算公式为:

$$p^0(i,s) = \frac{\rho(i,s)}{\sum\limits_s \rho(i,s)}$$

(3)修正概率

根据相邻特征点的分类概率及相容系数计算修正概率,并对概率进行调整,计算公式为:

$$Q(i,s) = \sum_j \sum_t c(i,s;j,t) p^{r-1}(j,t)$$
$$p^r(i,s) = p^{r-1}(i,s)(1 + B \cdot Q(i,s))$$
$$p^r(i,s) = \frac{p^r(i,s)}{\sum\limits_s p^r(i,s)}$$

式中:B 为一常数。

(4)迭代修正概率

重复执行上述(2)和(3)两步。正确备选点对应的概率会不断上升,而其余备选点对应的概率将不断下降,当它们之间达到"显著"差异时,即可终止迭代过程。

相容性系数反映两个邻近目标点分类结果的一致性,可以根据参考影像中 A_iA_j 段和匹配影像中 C_kC_l 段的相似程度计算而得。继承跨接法的思想,可以对匹配影像中 C_kC_l 段进行重采样使其与 A_iA_j 段具有相同长度,然后采用影像相关方法计算两段影像的相似程度。

8.4 小 结

本章首先概述了立体匹配的研究历史、立体匹配问题的表述、立体匹配方法的分类等问题。然后分别介绍密集匹配和特征匹配等两大类方法,针对密集匹配的表述、密集匹配的四个计算步骤、摄影测量领域的密集匹配方法、特征提取、跨接法和松弛法两种特征匹配方法作了详细介绍。立体匹配是三维重建的基础,在摄影测量和计算机视觉中占据重要地位,本章仅就经典内容和方法作了概述性的介绍。

第9章 线阵CCD推扫式影像的立体匹配

线阵CCD传感器能够进行对地立体观测,在高分辨率卫星上得到普遍使用。譬如,法国SPOT卫星、美国IKONOS、QuickBird卫星以及印度的IRS-1D卫星等都搭载线阵CCD传感器,并利用该传感器获取立体影像。利用线阵CCD传感器获取立体影像有异轨侧视和同轨前后视两种方式。异轨方式获取立体影像时间间隔较长,立体影像具有较大辐射差异;同轨前后视方式通过增加传感器倾角来提高立体交会精度,造成影像较大几何变形。此外,线阵CCD推扫式影像的核线几何较为复杂。上述几个方面增加了立体匹配的难度,也为立体匹配研究提供了新的契机。本章首先介绍线阵CCD推扫式影像的特点,然后介绍这类影像的立体匹配方法。

9.1 线阵CCD推扫式影像的特点

立体观测指在不同空间位置观测同一地区,获取同一地区的两幅或多幅影像,进而实现立体测图等任务。由于卫星沿着预定轨道飞行,观测位置就被限定在卫星运行轨道上,立体影像的成像位置或者位于同一轨道上或者位于不同轨道上。根据这一关系,立体观测分为同轨方式和异轨方式等两种方式。

9.1.1 异轨方式

异轨方式,是指在不同轨道上观测同一地区获取立体影像的立体观测方式,卫星在前后两次飞行到观测区域上空时分别获取该区域影像,以此构成立体影像。这种方式具有如下特点:

1. 基高比较大

两个立体观测点的连线称为基线,基线长度与卫星高度的比值称为基高比。由于不同轨道通常相距较远,因此异轨方式的基线比较长,基高比也相应比较大。在立体观测中,基高比是影响观测精度的重要因素,较大的基高比有利于提高目标定位和测量的精度,是地面场景三维信息提取的有利因素。

2. 侧视成像

航空摄影通常采用竖直向下的摄影方式,设计合理的摄站间隔以达到所需的航向和旁向重叠度。航天遥感成像则不同,卫星运行轨道并非按照立体成像要求设计的。由于线阵 CCD 传感器的视场角较小,摄影基线较长,必须采取侧视成像方式才能获取有效的立体影像,在获取不同影像时,传感器的倾角并不相同。这样成像方式会产生严重的几何变形,从而提高立体匹配的难度。

3. 成像时间间隔较长

卫星前后两次飞行到同一地区上空往往需要较长时间,因此,立体影像成像的时间间隔往往较长。地物光谱成分可能在前后两次成像期间发生较大变化,从而导致立体影像之间的辐射差异较大。前后两次成像时刻的天气条件可能差别较大,云、雾等天气现象可能导致部分区域被遮挡,从而不能形成有效的立体影像。这些因素使得立体影像存在很大外观差异,提高立体匹配的难度。

9.1.2 同轨方式

同轨方式,是指在同一轨道上观测同一地区获取立体影像的立体观测方式,卫星在飞行过程中通过前视、后视和下视三种方式从不同位置、不同角度获取同一地区的影像,以此构成立体影像。这种方式具有如下特点:

1. 基高比较大

同轨方式可以通过调整传感器获取影像的时间间隔以改变摄影基线长度,因此可以达到较大的基高比,从而提高立体观测精度。

2. 前视、后视及下视成像

同轨方式通过前视、后视和下视的方式获取同一地区的立体影像,前一位置的下视或前视影像和后一位置的后视或下视影像可以构成立体影像。此外,还可以利用前视、后视和下视影像构成多幅立体影像,为提高立体匹配可靠性奠定基础。为达到较大基高比,必须加大传感器倾角,以获取足够的重叠影像,构成有效立体影像。在获取立体影像时,传感器具有不相同的倾角,从而导致立体影像的几何变形较大,立体匹配难度较大。

3. 成像时间间隔较短

同轨方式获取立体影像的时间间隔为卫星飞行基线长度所需的时间,成像时间间隔比较短。在较短时间内,地物光谱成分、天气条件等因素都不会发生很大变化,从而不会增加立体影像的辐射差异。

9.1.3 核线几何

核线几何是立体匹配的重要约束条件,利用核线几何可以将同名像点的搜索空间从二维降为一维,不但可以简化搜索过程、提高搜索效率,而且可以剔除错误匹配,提高匹配可靠性。对于框幅式中心投影影像,由于其核线为直线,可以通过核线重采样方法使得核线与扫描行吻合,简化搜索过程。对于线阵 CCD 推扫式影像,由于其核线为曲线,没有方法可以使得核线与扫描行吻合,不利于立体匹配利用核线几何约束条件,必须构造新的方法利用此类条件。

由于线阵 CCD 传感器所获立体影像具有上述特点,传统方法不能有效处理这些特性,必须针对这些特性设计新的匹配方法。

9.2 核线关系的利用

线阵 CCD 传感器采用推扫方式获取影像,立体影像的核线为类似于双曲线的曲线。虽然核曲线将同名点的可能位置由二维空间限制为一维空间,但沿着曲线进行一维搜索仍然比较复杂。

一方面,同名像点的搜索总是从一个初始位置出发,初始位置是一个近似位置,精确位置总是在初始位置附近。另一方面,核曲线的局部曲率通常比较小,局部可以近似为直线。综合考虑上述两个方面,可以将核曲线局部近似为直线,从同名像点初始位置出发沿着直线搜索同名像点。

9.2.1 基于动态核线的近似直线约束

张永生等提出基于动态核线的近似直线约束,给出近似直线的两种构造方法,即切线方式和割线方式[7]。

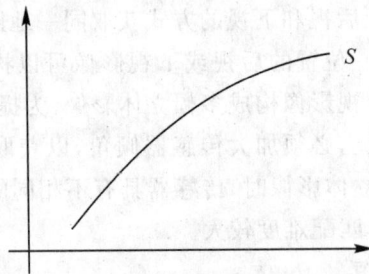

图 9-1 核曲线

首先,让我们介绍切线方式构造近似直线和搜索同名像点的方法和过程。对于参考影像中的一点 p,首先利用核线模型计算出 p 点在匹配影像中的核线 S,核线形状如图 9-1 所示,然后在核线 S 上确定同名像点搜索的初始位置 p_0,并在 p_0 处作核线的切线 L_1,切线形状如图 9-2 所示,最后从 p_0 出发沿着切线

L_1 向两个方向搜索同名像点。

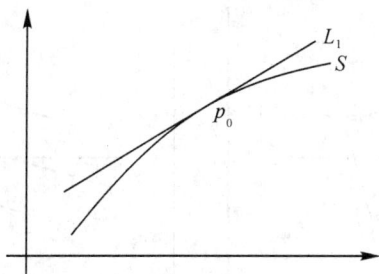

图 9-2　切线方式

　　然后,让我们介绍割线方式构造近似直线和搜索同名像点的方法和过程。对于参考影像中的一点 p,首先利用核线模型计算出 p 点在匹配影像中的核线 S,然后根据同名像点的可能范围在核线 S 上确定同名像点搜索的两个边界位置 p_1 和 p_2,并连接 p_1 和 p_2 得到割线 L_2,割线形状如图 9-3 所示,然后从 p_1 出发沿着割线 L_2 搜索同名像点直至到达点 p_2 为止。

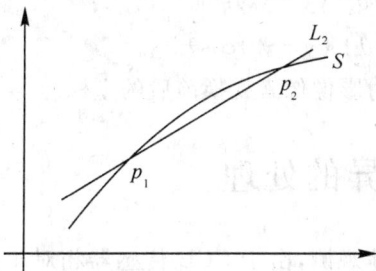

图 9-3　割线方式

9.2.2　基于核线的成像约束

　　如图 9-4 所示,不同姿态角使得左右影像方位存在旋转差异,匹配窗口的边界必须平行和垂直于核线方向才能建立正确的像素对应关系。在匹配过程中,必须不断重采样图像以充填匹配窗口,匹配效率很低。对于框幅式中心投影影像,可以采用立体校正方法得到校正影像,使得核线与影像扫描行吻合,不但可以沿着扫描行方向搜索同名像点,而且使得匹配窗口平行于扫描行方向,避免繁琐的重采样计算过程,提高了匹配效率。对于线阵 CCD 推扫式影像,核线为曲线,不存在相应的立体校正方法。但如前所述,核线的局部区段可以近似为直线,如图 9-4 所示,近似直线与扫描行夹角唯一确定,可以旋转影像使得核线与

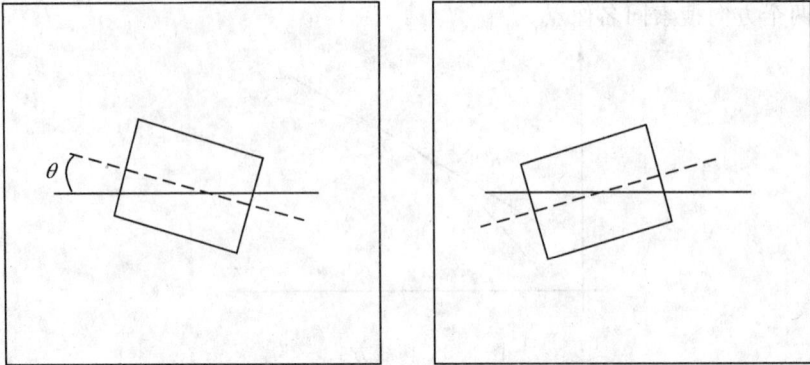

图 9-4　影像方位差异

扫描行吻合,从而实现局部校正目的。

假设核线与扫描行的夹角为 θ,待变换块中心点坐标为 (x_0, y_0),则旋转变换的公式为:

$$x' = (x - x_0)\cos\theta - (y - y_0)\sin\theta + x_0$$

$$y' = (x - x_0)\sin\theta + (y - y_0)\cos\theta + y_0$$

式中:x, y 和 x', y' 分别为影像像素变换前后的坐标。

9.3　辐射差异的处理

对于异轨或同轨立体观测,由于 CCD 传感器相对于地物的倾角不同,同一地物在立体影像之间存在较大几何变形。对于异轨立体观测,由于观测时间间隔较长,地物光谱成分还可能发生较大变化,立体影像之间就存在较大辐射差异。这些因素都增加了立体匹配的难度。利用不变矩思想和方法可以构造一些对平移、旋转、缩放等变换具有不变性质的量,根据这些不变量进行匹配可以抵抗上述因素的影响,提高匹配质量。

张永生等提出一种基于直方图不变矩、图像的不变矩以及灰度加权窗口三级匹配基元的影像快速匹配方案[7]。下面分别介绍各个匹配基元以及匹配方案:

1. 基于影像直方图不变矩的匹配

(1)直方图基本概念

直方图用于统计影像每个灰度值的比例或频数。假设量化后的数字影像的灰度等级为 $g_0, g_1, \cdots, g_{k-1}$,统计影像中取每个灰度值的像素数目,记为 n_0, n_1,

$\cdots, n_{k-1}$，则影像像素总数目为 $N = \sum\limits_{i=0}^{k-1} n_i$，每个灰度值的频数为：

$$p(g_i) = \frac{n_i}{N}, i = 0, \cdots, k-1$$

而且所有灰度值频数之和为 1，即 $\sum\limits_{i=0}^{k-1} p(g_i) = 1$。以每个灰度值为横轴，灰度值的频数为纵轴所作的 $g - p(g)$ 图即为直方图。

（2）直方图不变矩

在直方图基础上可以定义不变矩。k 阶矩定义为：

$$m_k = \sum\limits_{i=0}^{k-1} g_i^k p(g_i)$$

灰度值中心为 $\bar{g} = m_1 / m_0$，k 阶中心矩定义为：

$$\mu_k = \sum\limits_{i=0}^{k-1} (g_i - \bar{g})^k p(g_i)$$

归一化 k 阶中心矩定义为：

$$\eta_k = \frac{\mu_k}{\mu_0^{k+1}}$$

归一化 k 阶中心矩在平移和缩放变换下均为不变量，在此基础上进一步构造平移、缩放和线性变换的不变量：

$$f_1 = \frac{\eta_2}{\eta_1^2}, f_2 = \frac{\eta_3}{\eta_1 \eta_2}, f_3 = \frac{\eta_4}{\eta_2^2}, f_4 = \frac{\eta_5}{\eta_2 \eta_3}$$

（3）基于直方图不变矩的匹配

不失一般性，假设参考影像中有大小为 $M \times N$ 的影像块，匹配影像中 $J \times K$ 的影像块为搜索区域，基于直方图不变矩的匹配过程如下：

首先，计算参考影像影像块的不变矩 f_1, f_2, f_3, f_4；

然后，在匹配影像搜索区域中确定一个 $M \times N$ 的初始移动窗口 W^0，计算移动窗口内直方图不变矩 $f_1^0, f_2^0, f_3^0, f_4^0$，并据此比较参考影像与移动窗口内影像的相似度：

$$e^0 = \frac{\sum\limits_{i=1}^{4} |f_j^0 - f_j|}{\sqrt{\sum\limits_{j=1}^{4} f_j^2}}$$

再次，在搜索区域内移动窗口得到 $W^k, k = 1, \cdots, s$，并计算移动窗口内直方图不变矩 $f_1^k, f_2^k, f_3^k, f_4^k$ 以及与参考影像的相似度 e^k；

最后，与参考影像相似度小于一定阈值的窗口都定义为可能匹配区域。

由于直方图最相似的区域未必就是匹配区域，因此这里将比较相似的区域都定义为可能匹配区域，以此筛选匹配区域。

2. 基于二维图像不变矩的匹配

(1)二维图像不变矩

不失一般性,假设量化后数字影像的灰度函数为 $g(x,y)$,即像素(x,y)的灰度值为 $g(x,y)$。灰度函数的 $p+q$ 阶矩定义为:

$$m_{pq} = \sum_x \sum_y x^p y^q g(x,y)$$

相应的中心矩定义为:

$$\mu_{pq} = \sum_x \sum_y (x-\bar{x})^p (y-\bar{y})^q g(x,y)$$

其中,$\bar{x},\bar{y}$ 为灰度重心坐标:

$$\bar{x} = \frac{m_{10}}{m_{00}}$$

$$\bar{y} = \frac{m_{01}}{m_{00}}$$

零阶矩 m_{00} 表示影像灰度总和,一阶矩 m_{10},m_{01} 分别表示以像素灰度为权的 x 和 y 方向的坐标总和。

归一化 $p+q$ 阶中心矩定义为:

$$\eta_{pq} = \frac{\mu_{pq}}{\mu_{00}^r}, r=(p+q+2)/2$$

中心矩在平移和缩放变换下均为不变量。在此基础上进一步构造不变量:

$$\Phi_1 = \eta_{20} + \eta_{02}$$
$$\Phi_2 = (\eta_{20} - \eta_{02})^2 + 4\eta_{11}^2$$
$$\Phi_3 = (\eta_{30} - 3\eta_{12})^2 + (3\eta_{21} - \eta_{03})^2$$
$$\Phi_4 = (\eta_{30} + \eta_{12})^2 + (\eta_{21} + \eta_{03})^2$$
$$\Phi_5 = (\eta_{30} - 3\eta_{12})(\eta_{30} + \eta_{12})[(\eta_{30} + \eta_{12})^2 - 3(\eta_{21} + \eta_{03})^2] + (3\eta_{21} - \eta_{03})$$
$$(\eta_{21} + \eta_{03})[3(\eta_{30} + \eta_{12})^2 - (\eta_{21} + \eta_{03})^2]$$
$$\Phi_6 = (\eta_{20} - \eta_{02})[(\eta_{30} + \eta_{12})^2 - (\eta_{21} + \eta_{03})^2] + 4\eta_{11}(\eta_{30} + \eta_{12})(\eta_{21} + \eta_{03})$$
$$\Phi_7 = (3\eta_{12} - \eta_{30})(\eta_{30} + \eta_{12})[(\eta_{30} + \eta_{12})^2 - 3(\eta_{21} + \eta_{03})^2] + (3\eta_{21} - \eta_{03})$$
$$(\eta_{21} + \eta_{03})[3(\eta_{30} + \eta_{12})^2 - (\eta_{21} + \eta_{03})^2]$$

上述 7 个量对平移、旋转和缩放都具有不变性,但由于 $\Phi_5^2 + \Phi_7^2 = \Phi_3 \Phi_4^3$,所以仅有 6 个独立的不变量,这些不变量仅对影像的几何变形具有不变性。如前所述,立体影像之间还存在辐射变化,不妨假设灰度变化为线性变换函数,在上述不变量基础上可以进一步构造如下更一般化的不变量:

$$I_1 = \frac{\sqrt{\Phi_2}}{\Phi_1}, I_2 = \frac{\Phi_3}{\Phi_1 \Phi_2}, I_3 = \frac{\Phi_4}{\Phi_3}, I_4 = \frac{\sqrt{|\Phi_5|}}{\Phi_4}, I_5 = \frac{\Phi_6}{\Phi_4 \Phi_1}, I_6 = \frac{\Phi_7}{\Phi_5}$$

这些量对影像灰度线性变化、影像的平移、旋转和缩放等几何变换具有不变的性质,是更一般化的不变量。

(2)基于二维图像不变矩的匹配

不失一般性,假设参考影像中有 $M \times N$ 的影像块,匹配影像中 $J \times K$ 的影像块为搜索区域,基于二维图像不变矩的匹配过程如下:

首先,计算参考影像影像块的不变矩 $I_1, \cdots, I_6$ 并构成特征向量 I;

然后,在匹配影像搜索区域中确定一个 $M \times N$ 的初始移动窗口 W^0,计算移动窗口内影像的不变矩 $I_0^0, \cdots, I_6^0$ 并构成特征向量 I^0,并据此比较参考影像与移动窗口内影像的相似度

$$e^0 = 1 - \frac{\sum\limits_{j=1}^{6} |I_j^0 - I_j|}{\sum\limits_{j=1}^{6} \max(I_j^0, I_j)}$$

再次,在搜索区域内移动窗口得到 $W^k, k=1, \cdots, s$,并计算移动窗口内影像的不变矩 $I_0^k, \cdots, I_6^k$ 以及与参考影像的相似性 e^k;

最后,与参考影像相似程度大于一定阈值的窗口都定义为可能匹配区域。

与基于直方图不变矩的匹配类似,由于图像不变矩最接近的区域未必就是匹配区域,因此这里将这些区域定义为可能匹配区域,以此筛选匹配区域。

3. 基于加权灰度窗口的匹配

(1)相关系数匹配

不失一般性,假设像素 $p(x,y)$ 和 $p'(x',y')$ 为参考图像和匹配图像中两个像素,以该像素为中心的 $2m+1$ 行 $2n+1$ 列的图像窗口构成目标窗口,则可以根据两个窗口中的像素灰度值计算相关系数,计算公式为:

$$\rho(p,p') = \frac{\sigma_{g,g'}}{\sqrt{\sigma_{g,g} \cdot \sigma_{g',g'}}}$$

$$\sigma_{g,g'} = \sum_{i=-m}^{m} \sum_{j=-n}^{n} (g(x+j,y+i) - \bar{g})(g'(x'+j,y'+i) - \bar{g}')$$

$$\sigma_{g,g} = \sum_{i=-m}^{m} \sum_{j=-n}^{n} (g(x+j,y+i) - \bar{g})(g(x+j,y+i) - \bar{g})$$

$$\sigma_{g',g'} = \sum_{i=-m}^{m} \sum_{j=-n}^{n} (g'(x'+j,y'+i) - \bar{g}')(g'(x'+j,y'+i) - \bar{g}')$$

$$\bar{g} = \frac{1}{(2m+1) \cdot (2n+1)} \sum_{i=-m}^{m} \sum_{j=-n}^{n} g(x+j,y+i)$$

$$\bar{g}' = \frac{1}{(2m+1) \cdot (2n+1)} \sum_{i=-m}^{m} \sum_{j=-n}^{n} g'(x'+j,y'+i)$$

(2)基于特征加权的匹配

在上述相关系数计算公式中,窗口内每个像素的地位是平等的,贡献是等同的。实际上,每个像素所含信息量是不同的,根据像素所含信息量大小区别对待

每个像素显然更加合理。像素信息量大小可以利用像素的兴趣值来衡量,因此,可以将相关系数计算公式修改为:

$$\rho(p,p') = \frac{\sigma_{g,g'}}{\sqrt{\sigma_{g,g} \cdot \sigma_{g',g'}}}$$

$$\sigma_{g,g'} = \sum_{i=-m}^{m}\sum_{j=-n}^{n} w(x+j,y+i)(g(x+j,y+i)-\bar{g})(g'(x'+j,y'+i)-\bar{g}')$$

$$\sigma_{g,g} = \sum_{i=-m}^{m}\sum_{j=-n}^{n} w(x+j,y+i)^2(g(x+j,y+i)-\bar{g})(g(x+j,y+i)-\bar{g})$$

$$\sigma_{g',g'} = \sum_{i=-m}^{m}\sum_{j=-n}^{n} (g'(x'+j,y'+i)-\bar{g}')(g'(x'+j,y'+i)-\bar{g}')$$

式中:$w(x,y)$为每个像素的特征权值,兴趣值越大,权值越大;反之越小。修改后的相关系数更加合理的反映影像结构信息。匹配时通过移动匹配窗口并计算相关系数,最后将相关系数达到最大值的像素 $p'(x',y')$ 确定为像素 $p(x,y)$ 的对应像素。

4.基于三级基元的匹配方案

综合上述匹配方法,按照计算量由小到大将上述方法分为三级匹配基元,一级匹配基元为基于直方图不变矩的匹配,二级匹配基元为基于图像不变矩的匹配,三级匹配基元为根据特征加权的相关匹配。匹配过程由低级到高级逐级进行匹配,只有满足低级特征匹配的窗口才进入高一级特征匹配,满足全部三级匹配的子窗口被认为匹配成功,输出第三级匹配结果中相似度最大者作为最终的匹配结果。低级匹配计算量相对较小,可以排除明显不匹配区域,限定高级匹配的区域,因此,基于三级基元的匹配方案可以加快匹配计算,提高匹配效率。图9-5 为基于三级匹配基元的匹配方案。

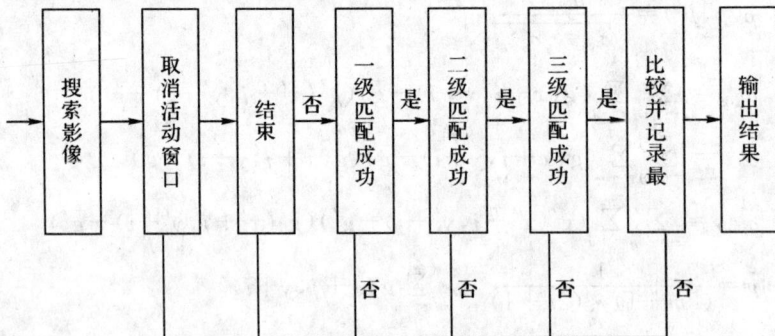

图 9-5　基于三级匹配基元的匹配方案

9.4 小 结

本章首先介绍线阵 CCD 传感器所获取立体影像的特点,然后针对上述特点,讨论了高分辨率卫星影像立体匹配中的核线约束和辐射差异等两个问题及解决方法。

参考文献

[1] 王之卓. 摄影测量原理. 北京:测绘出版社. 1979

[2] 黄欣,胡聪,金贵昌. 立体视觉机制的研究进展. 眼视光学杂志,1999,4(1):249~252

[3] 李德仁,周月琴,金为铣. 摄影测量与遥感概论. 北京:测绘出版社. 2001

[4] 张祖勋,张剑清. 数字摄影测量学. 武汉:武汉大学出版社. 2001

[5] 马颂德,张正友. 计算机视觉——计算理论与算法基础. 北京:科学出版社. 2003

[6] 孙家抦,舒宁,关泽群. 遥感原理、方法和应用. 北京:测绘出版社. 1997

[7] 张永生,巩丹超等. 高分辨率遥感卫星应用——成像模型、处理算法及应用. 北京:科学出版社. 2004

[8] Barnard S, Fischler M. Computational stereo. ACM Comp Surveys, 1982, 14(4): 553~572.

[9] Belhumeur P. A bayesian approach to binocular stereopsis. International Journal of Computer Vision, 1996, 19(3):237~260.

[10] Belhumeur P, Mumford D. A bayseian treatment of the stereo correspondence problem using half-occluded regions. In Proc of IEEE Conference on Computer Vision and Pattern Recognition. 1992

[11] Birchfield S, Tomasi C. A pixel dissimilarity measure that is insensitive to image sampling. IEEE Transaction on Pattern Analysis and Machine Intelligence, 1998, 20(4):401~406

[12] Bobick A, Intille S. Large occlusion stereo. International Journal of Computer Vision, 1999,33(3):181~200

[13] Boykov Y, Veksler O, Zabih R. Markov random fields with efficient approximations. In Proc of IEEE Conference on Computer Vision and Pattern Recognition, 1998, 648~655

[14] Boykov Y, Veksler O, Zabih R. Fast approximate energy minimization via graph cuts. IEEE Transaction on Pattern Analysis and Machine Intel-

ligence, 2001, 23(11):1222~1239

[15] Greig D, Porteous B, Seheult A. Exact maximum a posteriori estimation for binary images. J Royal Statistical Soc Series B, 1989, 51(2):271~279

[16] Gupta R, Hartley R. Linear pushbroom cameras. IEEE Transaction on Pattern Analysis and Machine Intelligence, 1997, 19(9):963~975

[17] Hartley R, Zisserman A. Multiple View Geometry in Computer Vision. University Press Cambridge UK, 2000

[18] Ishikawa H, Geiger D. Occlusions, discontinuities and epipolar lines in stereo. In Proc of European Conference on Computer Vision, 1998, 232~248

[19] Kanade T, Okutomi M. A stereo matching algorithm with an adaptive window: Theory and experiment. IEEE Transaction on Pattern Analysis and Machine Intelligence, 1994, 16(9):920~932

[20] Kim T. A study on the epipolarity of linear pushbroom images. Photogrammetry Engineering and Remote Sensing, 2000, 66(8):961~966

[21] Lee H, Park W. A new epipolar model based on the simplified pushbroom sensor model. In Proc of Symposium on Geospatial Theory, Processing and Applications, 2002

[22] Marr D, Poggio T. A computational theory of human stereo vision. In Proc of the Royal Society of London, B 204 , 1979, 301~328

[23] Ohta Y, Kanade T. Stereo by intra- and interscanline search using dynamic programming. IEEE Transaction on Pattern Analysis and Machine Intelligence, 1985, 7(2):139~154

[24] Okamoto A, et al. An alternative approach to the triangulation of spot imagery. In Proc of ISPRS Commission IV Symposium on GIS Between Visions and Applications, 1998

[25] Okamoto A, et al. Geometric characteristics of alternative triangulation model for satellite imagery. In Proc of ASPRS Annual Conference, 1999

[26] Roy S, Cox I. A maximum-flow formulation of the n-camera stereo correspondence problem. In Proc of International Conference on Computer Vision, 1998, 492~499

[27] Scharstein D, Szeliski R. Stereo matching with nonlinear diffusion. International Journal of Computer Vision, 1998, 28(2):155~174

[28] Scharstein D, Szeliski R. A taxonomy and evaluation of dense two-frame

stereo correspondence algorithms. International Journal of Computer Vision, 2002, 47(3):7~42

[29] Szeliski R, Zabih R, Scharstein D, et al. A comparative study of energy minimization methods for markov random fields. In Proc of European Conference on Computer Vision, 2006, 16~29

[30] Tao C, Hu Y. A comprehensive study of rational function model for photogrammetric processing. Photogrammetry Engineering and Remote Sensing, 2001, 67(12):1347~1357

[31] Tao C, Hu Y. 3d reconstruction methods based on the rational function model. Photogrammetry Engineering and Remote Sensing, 2002, 68(7): 705~714

[32] Tao H, Sawhney H, and Kumar R. Aglobal matching framework for stereo computation. In Proc of International Conference on Computer Vision, 2001, 532~539

[33] Tappen M, Freeman W. Comparison of graph cuts with belief propagation for stereo, using identical mrf parameters. In Proc of International Conference on Computer Vision, 2003, 900~907

[34] Toutin T. Review article: Geometric processing of remote sensing images: models, algorithms and methods. International Journal of Remote Sensing, 2004, 25(10):1893~1924

[35] Wang Y. Automatic triangulation of linear scanner imagery. In Proc of ISPRS Workshop Group I/1, I/3, IV/4 on "Sensors and Mapping from Space", 1999

[36] Yedidia J, Freeman W T, Weiss Y. Understanding belief propagation and its generalizations. In Proc of International Joint Conference on Artificial Intelligence Distinguished Papers Track, 2001

[37] Zhang Z, Deriche R, FaugerasO, et al. Robust technique for matching two uncalibrated images through the recovery of the unknown epipolar geometry. Artificial Intelligence, 1995, 78(1-2), 87~119

[38] Zhou G, Kafatos M. Future intelligent earth observing satellites. In Proc. of Pecora 15/Land Satellite Information IV/ISPRS Commission I/ FIEOS 2002 Conference, 2002

[39] Zhou G, Wang C. Current status and future direction of sensors in earth-observing satellites. In Proc of SPIE, 2003

内容简介

　　本书介绍高分辨卫星影像几何处理方法,包括摄影测量基础知识、成像模型、几何校正、核线几何、三维重建和立体匹配等内容。本书既阐述传统理论和方法,又介绍最新研究成果,可以作为地球信息科学与技术相关专业高年级本科生和研究生教材,也可作为相关领域技术人员的参考书。

图书在版编目（CIP）数据

　　高分辨率卫星影像几何处理方法 / 柴登峰,张登荣编著. —杭州：浙江大学出版社,2007.8
　　ISBN 978-7-308-05553-6

　　Ⅰ.高… Ⅱ.柴… Ⅲ.高分辨率－卫星图像－图像处理
Ⅳ.TP75

　　中国版本图书馆 CIP 数据核字（2007）第 142190 号

高分辨率卫星影像几何处理方法

柴登峰　张登荣　编著

————————————————————————————

责任编辑　王大根　张　真
封面设计　刘依群
出版发行　浙江大学出版社
　　　　　　（杭州天目山路 148 号　邮政编码 310028）
　　　　　　（E-mail：zupress@mail. hz. zj. cn）
　　　　　　（网址：http://www. zjupress. com）
排　　版　浙江大学出版社电脑排版中心
印　　刷　富阳市育才印刷有限公司
开　　本　787mm×960mm　1/16
印　　张　7.5
字　　数　139 千
版 印 次　2007 年 8 月第 1 版　2007 年 8 月第 1 次印刷
书　　号　ISBN 978-7-308-05553-6
定　　价　15.00 元

————————————————————————————